Die emotionale DNA

Pierre J. A. Capel

Die emotionale DNA

Gefühle steuern unsere Gene

Pierre J. A. Capel
Naarden, The Netherlands

ISBN 978-3-662-71830-8   ISBN 978-3-662-71831-5 (eBook)
https://doi.org/10.1007/978-3-662-71831-5

Die Deutsche Nationalbibliothek verzeichnet diese Publikation in der Deutschen Nationalbibliografie; detaillierte bibliografische Daten sind im Internet über https://portal.dnb.de abrufbar.

Das eingereichte Manuskript wurde ins Deutsche übersetzt. Die Übersetzung wurde mit künstlicher Intelligenz erstellt. Um eine hohe Qualität der Übersetzung zu gewährleisten, wurde sie anschließend von den Autor*innen inhaltlich geprüft und ggf. überarbeitet. In stilistischer Hinsicht kann sie sich dennoch von einer herkömmlichen Übersetzung unterscheiden.

Übersetzung der englischen Ausgabe: „The Emotional DNA - Feelings don't exist, they emerge" von Pierre J.A. Capel, © Prof. Dr. Pierre Capel 2024. Veröffentlicht durch K.pl Education. Alle Rechte vorbehalten.

Einbandabbildung: © Mechastock / stock.adobe.com (generiert mit KI)

Planung/Lektorat: Sarah Koch
Springer ist ein Imprint der eingetragenen Gesellschaft Springer-Verlag GmbH, DE und ist ein Teil von Springer Nature.
Die Anschrift der Gesellschaft ist: Heidelberger Platz 3, 14197 Berlin, Germany

Wenn Sie dieses Produkt entsorgen, geben Sie das Papier bitte zum Recycling.

Für Marie Louise
Who made my dream come true

Für Mirjam
Who keeps the joy for life alive

Prolog

Es gibt viele Möglichkeiten, meinen Großvater zu beschreiben, aber vor allem war er ein ganz besonderer Mensch. Er war Direktor einer technischen Schule und ziemlich autoritär. Seine Emotionen waren intensiv und er versuchte ständig, sie zu unterdrücken, was ihm jedoch nicht immer gelang. Das machte ihn oft schwierig im Umgang. Im Gegensatz zu seinen Emotionen waren seine Interessen grenzenlos und ungehemmt; er fand fast alles interessant. Er liebte es, Spannung aufzubauen, bevor er ein neues Thema einführte. Er erforschte die Bereiche der Fantasie, schuf neue Welten und war sehr professionell in seinem Timing, um das Außergewöhnliche zu enthüllen. In seinem Schreibtisch hatte er eine Schublade, die immer verschlossen war; sie enthielt seine neuesten Geheimnisse.

Man wurde in sein Zimmer gelassen, in das man nie ohne seine Erlaubnis eintreten würden. „Schau, es ist in dieser Schublade", würde er sagen. „Es ist wunderbar, du wirst nicht glauben, dass so etwas möglich ist." Der Geruch von Pfeifentabak, die grünen Tintenflecken auf dem Schreibtisch, beleuchtet von einer bizarren schmiedeeisernen Lampe, die neben dem gedämpften Licht eine unheimliche Mystik ausstrahlte, schufen eine ganz besondere Atmosphäre.

Er genoss die steigende Spannung und ein subtiles Lächeln erschien um seine Mundwinkel. Aber wenn man dachte, jetzt in dieses besondere Geheimnis eingeweiht zu werden, irrte man sich. In der erwartungsvollen Stille war das Ticken der Uhr so etwas wie der Countdown eines Raketenstarts. Und schließlich, auf dem Höhepunkt der Spannung, wurde die Schublade feierlich geöffnet und es kam eine wunderschöne Holzkiste zum Vorschein.

Doch bevor er sie öffnete, begann er über die Schwerkraft zu sprechen; wie besonders sie war und dass niemand diese Kraft wirklich verstand. Und obwohl es so normal erschien, dass wenn man etwas fallen lässt, es herunterfällt, ist es in Wirklichkeit „nicht unbedingt so".

In der Kiste befand sich ein Kupferkreisel, die schlanke Achse einer dünnen Metallscheibe, geformt zu zwei Kreisen, wie eine klassische Sonnenuhr. Am Boden befand sich ein kleiner Metallknopf mit einem Loch, der es ermöglichte, den Kreisel auf eine große Nadel zu setzen.

Das Stativ mit der Nadel wurde auf den Schreibtisch gestellt und der ziemlich schwere Kreisel wurde auf die Spitze gesetzt.

Und das war nicht möglich. Was auch immer man versuchte, der Kreisel fiel von der Nadel und hinterließ eine Delle in der mit Filz bedeckten Schreibtischplatte. Die Schwerkraft blieb die dominierende Kraft, bis … man einen feinen Faden zog, der um die Scheibe gewickelt war und die Scheibe sehr schnell rotieren ließ. Dann geschah das Wunder. Der Kreisel blieb nicht nur auf der Spitze, sondern man konnte ihn in fast jedem Winkel gegen die Nadel setzen. Die Gesetze der Schwerkraft waren außer Kraft gesetzt. Ein schwerer Kreisel, schräg auf einer vertikalen Nadel im Raum, der in seiner Position fixiert blieb, widersprach allem, was bis dahin sicher war. Der Kreisel wurde wieder in die Kiste gelegt und die Schublade geschlossen. Was würde das nächste Mal herauskommen? Etwas Elektrisches oder etwas mit Licht? Man wusste es nie. Man musste nur warten, bis dieses Lächeln wieder erschien und die Spannung wieder da war.

Wie viele Kisten und wie viele Schubladen gibt es in unserem Leben?

Wieviel Überraschung und Spannung können wir erleben? Viel, aber dieses Lächeln muss da sein. Es gibt so viel Schönheit und alles ist so aufregend, dass es ziemlich unglaublich ist, dass all diese schönen Dinge so oft unbekannt bleiben. Es ist gut zu erkennen, dass alles genau richtig für uns ist. Aber zuerst versuchen Sie, all Ihre Gewissheiten loszulassen, denn die Angst vor Unsicherheit ist die Quelle von Vorurteilen. Das Verlangen nach Gewissheit ist nichts anderes als eine grundlose Verdunkelung der Realität. Ohne Gewissheiten und Vorurteile wird alles neu und klar. Doch weit zu denken, mit einem offenen Geist, ist nicht genug. Man muss auch den Gefühlen einen großzügigen Raum bieten. Gefühle existieren nicht; sie entstehen. In jeder Situation entstehen Gefühle, die für jeden Einzelnen ganz unterschiedlich sind. Was für den einen angenehm und schön ist, kann für den anderen verheerend sein. Eine Situation kann Tausende von verschiedenen Gefühlen erzeugen, keines davon ist materiell, aber sie sind real und haben große Macht. Weil man sie nicht greifen oder messen kann, führen Ihre Gefühle Sie außerhalb den

Bereich der Logik, in dem alles messbar und vorhersehbar sein sollte. Und das ist für viele bedrohlich. Für meinen Großvater gab es in der Logik der wissenschaftlichen Welt kein Vorurteil und diese Offenheit machte ihn besonders. Aber er konnte mit der Unsicherheit seiner Gefühle nicht umgehen, sodass er immer das wirklich Wesentliche verpasste.

Gewissheiten existieren nicht, sondern werden nur durch den Druck beträchtlicher Einschränkungen unseres Realitätssinns geschaffen. Am 17. Dezember 1903 machten die Gebrüder Wright ihren ersten Flug von 59 Sekunden über eine Distanz von 260 Metern. Jetzt, mehr als 100 Jahre später, ist viel passiert und das Fliegen wurde als normales Verhalten vollständig akzeptiert; wir fliegen jetzt überall hin. Am 27. September 1905 veröffentlichte Einstein seinen Artikel über die Relativitätstheorie in den „Annalen der Physik". Wiederum mehr als 100 Jahre später ist viel passiert in Bezug auf Raum, Zeit und Materie, mit dem Ergebnis, dass es in diesem Bereich keine Gewissheiten mehr gibt; aber alles ist relativ und diese Tatsache ist für viele eine sehr bedrohliche Denkweise geworden.

In jeder Situation entstehen sogenannte Gewissheiten, die für jede Person völlig unterschiedlich sind. Weil wir das Gefühl haben, dass jede persönliche Gewissheit die Wahrheit sein sollte, werden diese „Gewissheiten" frenetisch bewacht. Diese unterschiedlichen Gewissheiten sind oft die Quelle von Konflikten und Kriegen. Als die molekulare Struktur von Antikörpern in meinem Fachgebiet der Immunologie bekannt wurde, stellte sich heraus, dass diese Proteine Millionen von verschiedenen Formen haben. Die Gewissheit zu dieser Zeit war, dass jedes Protein in seinem eigenen Gen auf der DNA verzeichnet war. Deshalb mussten Millionen von Genen für all diese Antikörper vorhanden sein. Aber dann hätte man tausende Kilometer DNA benötigt, nur um Antikörper zu produzieren, und das war unmöglich. Das DNA-Segment zur Herstellung von Antikörpern ist sehr klein und so war auf Konferenzen jeder wütend auf den anderen und verteidigte seine oder ihre Vision als die (einzige) Wahrheit. Später, als klar wurde, wie ein so kleines Stück DNA so viele verschiedene Proteine bilden konnte, kehrte wieder Frieden ein und die alten Gewissheiten stellten sich als durch die neue Realität überholt heraus.

Mein Großvater lehrte mich, neuen Entwicklungen mit offenem Geist zu folgen. Und zu akzeptieren, dass ich nur einen kleinen Teil der Realität sehen kann und dass daher meine Gewissheiten von heute wahrscheinlich morgen veraltet sein werden. Was ich mir selbst beigebracht habe, ist, ein Auge für die Wirksamkeit der immateriellen Kräfte zu haben, die sich in der Welt der Gefühle widerspiegeln. Schönheit, Einsamkeit und solche Konzepte sind nicht eine unverbindliche Zugabe des Lebens, sondern ein wesentlicher Teil unserer Existenz. Sie sind eingeladen, mich in die Welt der emotionalen DNA zu begleiten; aber das ist nur möglich, wenn Sie Ihre aktuellen Gewissheiten und Vorurteile hinter sich lassen. Geben Sie dem Mechanismus, wie Gefühle unsere Gesundheit steuern, Raum und erleben Sie, dass „Mind over Matter" in der Molekularbiologie sichtbar werden kann.

Inhaltsverzeichnis

Über den Autor

Prof. Pierre Capel ist emeritierter Professor für experimentelle Immunologie. Mit großer Leidenschaft für die Wissenschaft widmet er sich der Aufgabe, komplexe Zusammenhänge verständlich zu machen und einem breiten Publikum zugänglich zu vermitteln. Seine Arbeiten verbinden fundiertes Fachwissen mit dem Wunsch, Menschen für die faszinierenden Mechanismen des Lebens zu begeistern.

1

Gefühle

Wenn wir über unsere Gefühle sprechen, wissen wir genau, wovon wir reden. Aber wenn wir wissen wollen, wie sie entstehen, woher sie kommen und was sie mit uns machen, dann sind wir uns nicht so sicher. Für viele Menschen sind Gefühle wie ein Nebel, der durch unseren Körper wabert.

Aber stimmt das?

Gefühle sind mit einer unerschütterlichen Biochemie verbunden, die einen enormen Einfluss auf unsere Funktionsweise hat. Nicht auf einer vagen metaphysischen Ebene, sondern direkt auf das Innenleben unserer Zellen, bis hin zur Nutzung der DNA durch diese Zellen.

Gefühle lenken eine riesige Anzahl von lebenswichtigen Prozessen, die nicht nur mit unserer Gesundheit zusammenhängen, sondern auch Auswirkungen auf unser Leben und Wohlbefinden haben; einschließlich unserer Lebensspanne.

Wie ernst nehmen wir den Einfluss von Gefühlen und welche Bedeutung haben diese in unserem Leben?

In der westlichen Kultur spielt das rationale Denken eine sehr dominante Rolle und der Einfluss von Gefühlen wird nicht allzu ernst genommen. Descartes' Aussage, „Cogito ergo sum", was bedeutet „Ich denke, also bin ich", hallt durch unsere Welt. Neben Descartes hat auch Platon erheblichen Schaden angerichtet. Er bestätigte die Theorie, dass Körper und Geist getrennt werden können und ordnete dem rationalen Denken, in Form des Logos, die dominante Position zu. Er teilte Gefühle in männliche, „Thymos", wie Tapferkeit, und weibliche, „Eros", wie Sinnlichkeit.

Eros wird heute nur noch mit einem kleinen Teil der gesamten weiblichen Gefühle in Verbindung gebracht. Aber dieses enge Segment des Eros wird

P. J. A. Capel, *Die emotionale DNA*, https://doi.org/10.1007/978-3-662-71831-5_1

hoch geschätzt. Für männliche Gefühle gibt es wenig Raum oder Anerkennung und die Zeit von „Männer weinen nicht" liegt noch nicht weit hinter uns, wenn sie überhaupt hinter uns liegt.

Die Aufteilung in Körper und Geist und die weitere Aufteilung des Geistes mit der Dominanz des Denkens (des Logos) und der untergeordneten Position der Gefühle ist tief verwurzelt. Dieses Bild ist so fest verankert, dass ein anderer Ansatz nicht nur auf weit verbreitete Vorurteile stößt, sondern auch eine große Menge an Aggression hervorruft.

Aber warum werden Gefühle in unserer Kultur so unterbewertet, wenn nicht gar ignoriert?

Weil der Logos nur mit materiellen, messbaren und greifbaren Objekten umgehen kann; er zögert, sich auf nicht-materielle, nicht-messbare oder abstrakte Prozesse einzulassen.

Gefühle existieren nicht, sie entstehen!

Sie sind nicht greifbar, aber dennoch real und können enorm mächtig sein. Gefühle entstehen aus der Wechselwirkung von materiellen Dingen, was zu einer nicht-materiellen Kraft führt, die in ihren isolierten Komponenten nicht erkannt werden kann. In der Interaktion zwischen Menschen entstehen beispielsweise Gefühle, die eine enorme Triebkraft haben, aber nicht greifbar oder messbar sind. In einer positiven Interaktion nennt man das Liebe und in einer negativen Hass. Durch Liebe oder Hass entstehen starke Kräfte, diese sind nicht materiell, aber sehr real.

Weil Gefühle in ihrer isolierten Form nicht existieren, fallen sie aus dem Terrain des Logos heraus. Wenn eine Kultur primär rational strukturiert ist, gibt es wenig Raum für Gefühle. Ihre Stärke wird zwar erlebt, ist aber in einer dominant logischen Welt schwer quantifizierbar; daher werden sie gewohnheitsmäßig vermieden oder verleugnet.

Es ist immer schwierig, Vorurteile beiseite zu legen und daher ist es einfacher, die Wirkung von Gefühlen in einem neutralen Kontext zu analysieren. Um alle psychologischen und anderen Variablen auszuschließen, werden wir uns die Gefühle von Ratten und den Einfluss auf ihr Dasein ansehen.

Das Schöne an Nagetieren ist, dass sie genetisch ziemlich gesund sind und selbst bei Inzucht zeigen sie keine schrecklichen Abnormalitäten. Man kann große Mengen von Tieren züchten, die genetisch identisch sind. Es gibt eine Rattenart mit dem wohlklingenden Namen Sprague Dawley und das Gefühl, das wir anhand ihres Beispiels untersuchen werden, ist Einsamkeit.

Ratten sind sehr soziale Tiere und leben in Gruppen. Was passiert, wenn für diese Tiere alles gleich bleibt und nur die Unterbringung sich ändert? Statt sie in Gruppen zu setzen, werden sie einzeln in einen Käfig gesetzt. Der Rest der Pflege bleibt unverändert und auf Hilton-Niveau.

Das Erleben von Einsamkeit hat einen unglaublich großen Einfluss auf diese Tiere, so groß, dass es fast unmöglich ist, das zu begreifen.

Bei diesen Ratten haben die Weibchen eine starke genetische Veranlagung für Brustkrebs. Unter normalen Umständen wird ein Prozentsatz der Weibchen nach einer bestimmten Zeit spontan Brustkrebs entwickeln, der nicht metastasiert. Wurden die Weibchen jedoch nicht in Gruppen untergebracht, sondern stattdessen in einen Einzelkäfig gesetzt, zeigte sich, dass die Einsamkeit durch diese soziale Isolation einen direkten Einfluss auf die Entwicklung von Brustkrebs hat. Nach einer ähnlichen Zeitspanne hatte eine viel höhere Anzahl der isolierten Weibchen nicht nur einen kleinen Tumor, sondern mehrere Tumor-Hotspots. Die Gesamtgröße des Tumors war 84 Mal so groß und darüber hinaus wurden viele bösartig und metastasierten [1].

Wie macht Einsamkeit Tumore größer und bösartig?

Die kurze Antwort ist, dass dieses Gefühl der Einsamkeit die Nutzung der DNA verändert. Gene, die Wachstumsfaktoren für Blutgefäße produzieren, werden durch Einsamkeit angeregt. Dies gibt dem Tumor mehr Blutgefäße und damit mehr Sauerstoff und Nährstoffe, was zu Tumorwachstum führt. Ebenso werden die Gene für bestimmte Adhäsionsproteine aktiviert, die es dem Tumor ermöglichen, zu metastasieren.

Die lange Antwort auf die Frage: „Was steuert die Beziehung zwischen Gefühl und DNA" wird in den kommenden Kapiteln klar werden. Nicht nur der Verlauf von Brustkrebs ist bei unseren Ratten anders, es passiert gleichzeitig noch viel mehr. Wenn Sie in die wissenschaftliche Literatur eintauchen möchten, bietet die folgende Website einen hervorragenden Einstieg: http://www.ncbi.nlm.nih.gov/pubmed/. Suchen Sie nach „soziale Isolation" und Sie finden über 26.000 verwandte Artikel. Wenn Sie diese Suche nur auf die Auswirkungen bei Ratten beschränken, bleiben immer noch 1956 Artikel zur Erkundung übrig. Die gefundenen Unterschiede decken fast jeden Bereich ab.

Zum Beispiel sind die Gehirnentwicklung und die Aktivität wichtiger Strukturen in dem Bereich, den wir „zwischen den Ohren" nennen, wie Thalamus und Hippocampus, in Bezug auf Einsamkeit anders [2]. Viele weitere Gehirnfunktionen ändern sich, nicht nur auf der Ebene von Neurotransmittern und ihren Rezeptoren, sondern auch in der Hormonproduktion, der metabolischen Aktivität und der Suchtgefährdung. Auch die Entwicklung des Kortex, der Teil, in dem Denken und Bewusstsein liegen, wird beeinflusst, ebenso wie die Fähigkeit, sich an veränderte Umstände anzupassen. All diese Veränderungen im Gehirn spiegeln sich wiederum im Verhalten und in der Anfälligkeit für psychische Störungen wider [3].

Bei der Wirkung der „Einsamkeitsemotion" kann weiterhin festgestellt werden, dass die Herzfrequenz und das Auftreten von Bluthochdruck hiervon direkt betroffen sind [4]. Aber auch die Struktur der Leber ändert sich [5], ebenso die Brustentwicklung bei Weibchen [6], und die Aktivität des Immunsystems bei den Tieren nimmt ab [7]. Dies wirkt sich wiederum auf die Wundheilung aus. Im Allgemeinen verschlechtern sich die Bedingungen für Tiere in Isolation [8]. Allerdings kann ein „Pflaster auf die Wunde" geklebt werden. Obwohl das Tier isoliert bleibt, ist die Fähigkeit zur Wundheilung erheblich besser, wenn man die Isolation erträglicher macht, zum Beispiel durch zusätzliches Nistmaterial [9].

Es scheint klar zu sein, dass dieses Gefühl der Einsamkeit einen überwältigenden Einfluss auf die Entwicklung, das Wohlbefinden und das Verhalten dieser Kreaturen hat. Aber was ist mit dem Menschen?

Wie oben erwähnt, wird die Wundheilung bei Ratten durch Umweltfaktoren beeinflusst. Lassen Sie uns diesen Aspekt beim Menschen betrachten.

Es war einmal ein Junge, der oft krank war und viele Schmerzen hatte. Von seinem Bett aus blickte er auf einen schönen Baum und wenn er auf diesen Baum schaute, schien es, als ob er weniger an Schmerzen litt. Der Baum wurde zu einer Stütze und Zuflucht für ihn. Später, als Chirurg, arbeitete er auf einer Krankenhausstation mit acht Patientenzimmern. Aus vier dieser Zimmer blickte man auf eine blinde Wand und vier hatten Ausblick auf einen Park mit großen Bäumen.

Aufgrund seiner früheren Erfahrung mit dem Baum war er neugierig, ob der Heilungsprozess der Patienten[1] durch die Aussicht beeinflusst wurde. Neun Jahre lang sammelte er die Daten von Patienten, die alle die gleiche Operation durchlaufen hatten. Zur Überraschung aller stellte sich heraus, dass die Patienten in den Zimmern mit Blick auf die Bäume deutlich weniger Schmerzmittel und Beruhigungsmittel erhielten, weniger andere Beschwerden wie Kopfschmerzen und Übelkeit hatten und kürzer im Krankenhaus bleiben mussten [10].

Wenn wir über den Einfluss der Einsamkeit sprechen, ist klar, dass etwas anderes als nur das Alleinsein im Spiel ist. Viele Menschen sind gerne allein und empfinden daher keinen Stress. Allein, aber nicht einsam, ist etwas ganz anderes als eine soziale Isolation, die als negativ empfunden wird. Im letzteren Fall werden alle Stressmechanismen im Körper aktiviert und die Nutzung der DNA wird verändert. Aber womit müssen wir rechnen, wenn sich unsere

---

[1]Anmerkung zur Übersetzung: Bei der Übersetzung von im Englischen nicht nach Geschlecht differenzierten Personenbezeichnungen wie „patient", „surgeon" u. Ä. wurde im Deutschen meistens die männliche Form „Patient", „Chirurg" etc. verwendet, um den Text kürzer und besser lesbar zu machen. Selbstverständlich sind damit Personen jeden Geschlechts gemeint.

DNA-Nutzung ändert? All dies wird in den folgenden Kapiteln weiter ausgearbeitet.

Es ist einfach so, dass wir alle als eine Zelle begonnen haben und wenn Zellen sich teilen, wird die DNA kopiert, bleibt aber gleich. Daher ist die DNA in all unseren Zellen gleich und es gibt deutlich mehr als ein paar Zellen in unserem Körper: eine Zahl mit vierzehn Nullen.

Diese Hunderte von Billionen Zellen haben jedoch alle unterschiedliche Funktionsweisen und jede Art von Zelle verwendet daher einen anderen Satz von Genen. Obwohl Zellen die Informationen für alle Funktionen besitzen, müssen sie, um spezifisch zu funktionieren, Gene ein- oder ausschalten, um den gewünschten Effekt zu erzielen. Es stehen eine Reihe von Mechanismen zur Verfügung, die es der Zelle ermöglichen, Funktionen ein- und auszuschalten. Ein sehr wichtiger Mechanismus ist die Verwendung von Transkriptionsfaktoren. Diese Proteine sind eine Art von DNA-Schaltern, die spezifische DNA-Sequenzen neben einem Gen erkennen. Nach der Bindung an diese Sequenz regulieren sie die Nutzung dieses Gens. Diese spezifische Sequenz für einen Transkriptionsfaktor wird nicht nur neben einem Gen, sondern neben Hunderten von Genen platziert. Und wenn ein Transkriptionsfaktor in einer Zelle aktiv wird, ändern sich viele Funktionen auf einmal.

Nun ist es so, dass Gefühle und Emotionen aus einer komplexen Mischung von Gehirnprozessen entstehen, die zur Aktivierung oder Hemmung von Transkriptionsfaktoren führen und somit viele Funktionen gleichzeitig verändern.

Wenn wir beim Gefühl der Einsamkeit bleiben, dann wird dieses Gefühl, durch das Gehirn, Hormone etc., möglicherweise zu einer Aktivierung der Transkriptionsfaktoren führen. Aber wie können wir das sehen?

In einer Studie wurde die Genverwendung bestimmter Zellen in zwei ähnlichen Gruppen von Menschen gemessen. Der einzige Unterschied war, dass eine Gruppe sozial isoliert war und dies als Einsamkeit empfand. Mit einem cleveren DNA-Chip kann man sehen, welche Gene von einer Zelle verwendet werden. Wenn wir dann diese Daten mit einem speziellen Computerprogramm analysieren, können die Unterschiede aufgelistet werden. Die Gene, die in einer Gruppe ansteigen, werden in Grün und die, die abfallen, in Rot dargestellt. Dann erhält man das folgende Ergebnis, siehe Abb. 1.1.

Insgesamt wurden 209 Unterschiede in der Genexpression gemessen. Jedes Gen hat eine spezielle Sequenz neben sich, an die ein Transkriptionsfaktor angehängt werden kann. Durch das Betrachten dieser Sequenz kann man sehen, welche Transkriptionsfaktoren für all diese 209 Gene aktiviert oder gehemmt werden.

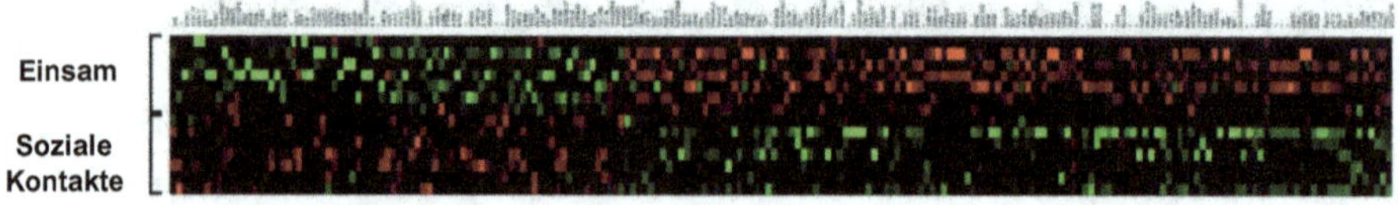

Abb. 1.1 Unterschiede in der Genexpression bei Menschen in sozialer Isolation. Rot: Gene mit niedrigerer Expression, Grün: Gene mit höherer Expression. (Aus Cole, S.W., Hawkley, L.C., Arevalo, J.M. et al. Social regulation of gene expression in human leukocytes. Genome Biol **8**, R189 (2007). https://doi.org/10.1186/gb-2007-8-9-r189)

Als Ergebnis zeigt sich, dass Einsamkeit unter anderem einen starken Einfluss auf das Immunsystem hat. Der Transkriptionsfaktor, der Abwehrfunktionen hemmt, wird bei Einsamkeit reduziert und der Faktor, der Abwehrfunktionen stimuliert, wird erhöht. Dies führt dazu, dass das Immunsystem aus dem Gleichgewicht gerät. Man kann dies mit einem Auto mit klapprigen Bremsen vergleichen, bei dem das Gaspedal oft klemmt. Einsamkeit erhöht das Risiko, entzündliche Krankheiten wie Autoimmunkrankheiten zu entwickeln. Und auch der Verlauf von Krebs wird unter anderem beeinflusst [11].

Der Einfluss von sozialer Isolation, die als Einsamkeit empfunden wird, ist enorm und greift tief in die Nutzung der DNA ein. Aber was ist mit all den anderen Gefühlen und haben positive Gefühle einen anderen Effekt als negative?

Eine brillante Antwort auf diese Frage kann aus der Forschung über Telomere gewonnen werden. Dies sind die Enden jedes Chromosoms. Im Volksmund wird ein Telomer als ähnlich der Plastikkappe am Ende eines Schnürsenkels angesehen. Wenn dieses abbricht, werden die ausgefransten Enden schnell unbrauchbar. Die Länge der Telomere ist extrem wichtig für die Zellalterung und somit für das Überleben und die Funktion einer Zelle. Wenn ein Telomer zu kurz geworden ist, stirbt die Zelle, aber es gibt auch einen Mechanismus, der dazu führt, dass Telomere nach dem Verkürzen wieder länger werden.

Die Entdeckung der Existenz von Telomeren und wie ihre Länge beeinflusst werden kann, erhielt 2009 den Nobelpreis für Medizin.

Es stellt sich heraus, dass Gefühle in diesem Prozess enorm einflussreich sind. Chronischer Stress führt dazu, dass die Telomere sich schneller verkürzen, was zur Zellalterung und dann wiederum zu einer um viele Jahre verkürzten Lebenserwartung führt [12]. Nachdem dieser besondere Einfluss von chronischem Stress entdeckt wurde, begannen die Forscher, die andere Seite der Medaille zu untersuchen. Wenn chronischer Stress so schlecht ist, was könnte der Effekt von innerem Frieden sein, zum Beispiel durch Achtsamkeit [13]? Eine umfangreiche Studie hat eindeutig gezeigt, dass Achtsamkeit einen direkten positiven Effekt auf die Länge von Telomeren hat und somit der Zellalterung und damit verbundenen Prozessen entgegenwirkt [14].

Neben dem Einfluss unserer Gefühle auf Telomere wurden viele unterschiedliche Effekte beschrieben. Der Suchbegriff „psychologischer Stress" auf der PubMed-Website führt zu 144.548 Artikeln an wissenschaftlicher Literatur. Diese Informationen zeigen, dass psychologischer Stress keineswegs gesundheitsfördernd ist. Stress ist ein echter „heimlicher Mörder" und es ist erstaunlich, dass dieses Phänomen in unserer Gesellschaft so sorglos akzeptiert wurde. Die Antwort auf die Frage: „Wie geht es Ihnen?" ist oft: „beschäftigt, beschäftigt, beschäftigt"; meist mit Stolz gesagt, während eine schlechtere Lebenseinstellung kaum möglich ist und die Menschen sich eher für diese Einstellung schämen sollten. Psychischer Stress, aber auch psychologische Intervention, kann einen direkten Einfluss auf den Verlauf einer Krankheit wie Brustkrebs haben [15]. Obwohl viele Menschen diesen Zusammenhang zwischen mentalem Zustand und Krankheit spüren, ist der allgemeine Glaube, dass Körper und Geist getrennt sind, so stark in unserer Kultur verankert, dass Menschen oft sehr nachlässig mit ihrer geistigen Gesundheit umgehen, wenn sie sich überhaupt dessen bewusst sind.

Als ob das Elend, das durch chronischen Stress verursacht wird, nicht genug wäre, geht der Einfluss sogar weit über die Gegenwart hinaus, nämlich zur nächsten Generation. Hier betreten wir ein erstaunliches Feld, das erst kürzlich entdeckt wurde. Es wird Epigenetik genannt. Es ist bemerkenswert genug, dass Gefühle die Aktivität von Genen beeinflussen können, aber mittlerweile ist deutlich geworden, dass zum Beispiel Stress Gene dauerhaft blockieren kann. Dies wird durch eine kleine chemische Reaktion bewirkt, bei der eine Methylgruppe an einer bestimmten Stelle an die DNA gebunden wird, mit dem Ergebnis, dass dieses Gen für das ganze Leben blockiert werden kann. Obwohl der Mechanismus noch nicht vollständig bekannt ist, ist klar, dass diese Blockierung an die nächste Generation und sogar an die dritte Generation weitergegeben werden kann. Ein Beispiel dafür ist, dass Ratten, die in Isolation aufwachsen, eine verringerte Aktivität eines wichtigen Hormons im Gehirn aufweisen. Die Nachkommen solcher Ratten mit niedrigen Hormonspiegeln weisen, selbst wenn sie sozial und liebevoll aufgezogen werden, immer noch die gleichen Defekte auf, die durch die Einsamkeit der Eltern verursacht wurden [16].

Die Fülle an wissenschaftlichen Artikeln über den Einfluss von sowohl positiven als auch negativen Gefühlen bei Tieren und Menschen offenbart unbestreitbar die Tatsache, dass unsere Gefühle und Emotionen unsere körperliche Funktion tiefgreifend beeinflussen, bis hin zur Ebene unserer DNA, und sogar durch epigenetische Mechanismen in die nächste(n) Generation(en) hineinwirken können.

2

Die Zelle – ein wunderbarer Mikrokosmos

Bevor wir verstehen können, wie unsere Psyche einen Teil unseres genetischen Haushalts steuert, müssen wir die Bausteine, aus denen wir bestehen, etwas besser kennen. Am Anfang stand eine Zelle. Dieser wunderbare Anfang war die Verschmelzung von zwei Zellen, die jeweils nur die Hälfte der Chromosomen enthielten: die Eizelle, die seit der Geburt der Mutter liebevoll gehegt und für diesen Anlass nach all den Jahren aktiviert wurde, und die Spermazelle des Vaters, die gerade frisch produziert wurde. Diese einzigartige Kombination, die den Anfang der Menschheit darstellt, wuchs durch einen endlosen Prozess von Zellteilung über Zellteilung zu unserem Körper heran, bis schließlich 40.000.000.000.000.000.000.000 Zellen entstanden. Diese riesige Anzahl von Zellen, mit ihrer fantastischen Organisation, ist das, was wir sind. Einige dieser Zellen und die Netzwerke, die sie bilden, sind so spezialisiert, dass sie für alle unsere Funktionen und Funktionieren verantwortlich sind, bis ins kleinste Detail.

Die Tatsache, dass ein Individuum, das aus dieser einen Zelle hervorgeht, aus Emotionen, Organen, Gefühlen, Geweben, Begierden, Sinnen usw. besteht, vermittelt uns einen Eindruck davon, dass die Trennung zwischen Körper und Geist sehr künstlich ist, während sie in der Praxis ein weit verbreitetes Dogma ist. Das Konzept einer autonomen Seele, die in unserem Körper inkarniert ist, findet sich in der gesamten Menschheitsgeschichte in unterschiedlichsten Formen. Bemerkenswert ist, dass dieses archetypische Bild innerhalb jeder Kultur eigentlich das gleiche ist, aber dass selbst die kleinsten Form- oder Farbunterschiede in unserer Wahrnehmung ausreichen, um einen totalen Krieg und Zerstörung zwischen gegensätzlichen Standpunkten auszulösen. Um jedoch jedem seinen Standpunkt zu ermöglichen, werden wir die-

© Der/die Autor(en), exklusiv lizenziert an Springer-Verlag GmbH, DE, ein Teil von Springer Nature 2026

P. J. A. Capel, *Die emotionale DNA*, https://doi.org/10.1007/978-3-662-71831-5_2

ses Thema beiseite lassen. Jeder kann also über diese Trennung von Körper und Seele denken, was er will; aber die Tatsache, dass unser Körper eine Sammlung von Emotionen, Gefühlen und intuitiven Impulsen beherbergt, ist auf jeden Fall so. Da wir tatsächlich ein komplexes Set von Zellen sind, ist es nützlich, das Grundprinzip der Zelle zu betrachten. Um eine Idee davon zu bekommen, wie groß eine Zelle ist, muss man sich vorstellen, dass man 33.000 Zellen in einer Reihe aufstellen muss, um einen Zentimeter Zellen zu bekommen. Diese sehr kleine Zelle bildet in sich selbst ein ganzes Universum, mit allen möglichen Funktionen und Eigenschaften. Das Lustige ist, dass Menschen immer das Zentrum von etwas sein wollen. Wenn man die Größe von etwas sehr Großem, dem Kosmos, gegen die Größe von etwas sehr Kleinem, den subatomaren Partikeln, abwägt, dann liegt die Größe der Zelle auf dieser enormen Skala irgendwo in der Mitte. Für einen Astronomen ist die Zelle sehr klein, aber für den Kernphysiker ist sie sehr groß. Für mich ist die Zelle großartig und ihre Großartigkeit übersteigt ihre Größe.

Da das Leben über Milliarden von Jahren hinweg aus einzelligen Arten bestand, kann jede grundlegende Lebensfunktion in einer Zelle gefunden werden. Eine Zelle ähnelt einem Land, sie hat eine Grenze, die vom Zoll kontrolliert wird, Städte, Straßen, Kraftwerke und eine Regierung, die die Gesetze umsetzt. Abb. 2.1 zeigt dies in einer Karikatur.

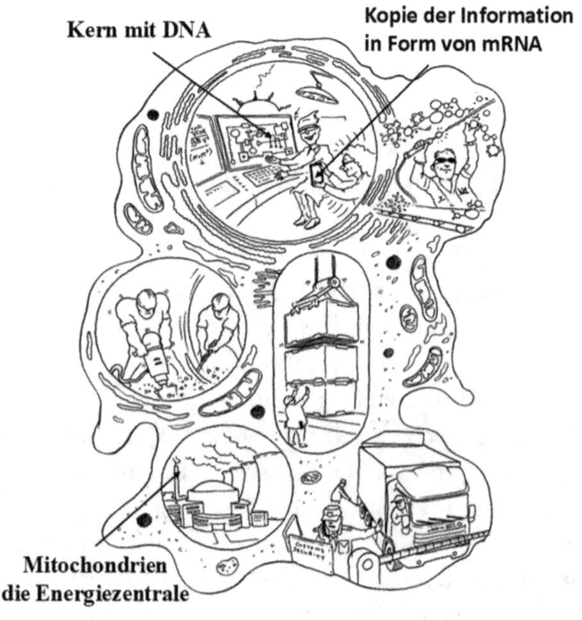

Abb. 2.1   Karikatur einer Zelle. (Mit freundlicher Genehmigung von Cees Heuvel)

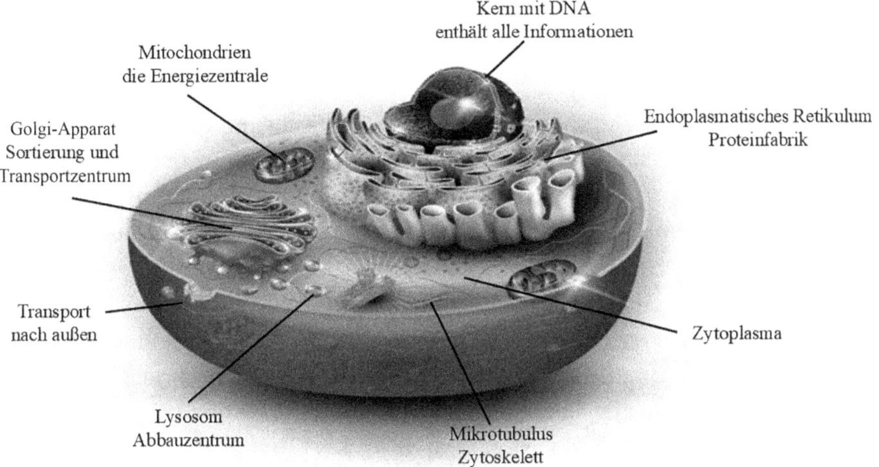

Abb. 2.2 Eine künstlerische Darstellung des Inneren einer Zelle. (Generiert mit ChatGPT)

Einen etwas genaueren Eindruck vom hohen Grad an Organisation im Inneren einer Zelle zeigt Abb. 2.2.

Wie eine Zelle aufgebaut ist und wie sie funktionieren muss, ist in der DNA im Zellkern verankert. Diese Informationen für alle Formen, Funktionen und Strukturen sind in einem Vier-Buchstaben-Code (A, T, G, C) geschrieben. Jeder Buchstabe steht für ein spezifisches Molekül, das als Nukleotid bezeichnet wird. Unsere gesamte DNA besteht aus 6,6 Milliarden Nukleotiden. Was sagt eine solche Zahl aus? Wenn man diesen DNA-Text im Format eines 1000-seitigen Telefonbuchs drucken würde, bräuchte man 200 dieser Bücher, und wenn man sie Tag und Nacht durchlesen würde, wäre man erst nach neuneinhalb Jahren fertig. Diese 200 dicken Telefonbücher befinden sich alle im Kern einer Zelle, die nur wenige Mikrometer (ein Tausendstel Millimeter) groß ist. Eine menschliche Zelle benötigt 19 Stunden, um sich zu teilen. In dieser Zeit muss sie nicht nur die DNA verdoppeln, was bereits eine große Aufgabe ist, sondern diese auch auf Schreibfehler überprüfen und mögliche Irrtümer reparieren. Daher müssen nur zu Kontrollzwecken 12 Milliarden Nukleotide gelesen werden. Dies zu tun, würde uns 19 Jahre kosten, während die Zelle es in 19 Stunden schafft. Die Geschwindigkeiten in einer Zelle sind unvorstellbar hoch. Das bloße Lesen der DNA geht mehr als 10.000 Mal schneller als wenn wir es selbst lesen würden und es ist außerdem fehlerfrei. Als ob dies noch nicht ausreichend komplex wäre, muss man bedenken, dass im menschlichen Leben 10.000 Billionen Zellteilungen stattfinden. (Das ist eine Zahl mit 22 Nullen!)

Mit diesen unglaublichen Informationen und dieser Genauigkeit werden alle möglichen Funktionen gesteuert. 4 % der DNA werden verwendet, um alle möglichen verschiedenen Proteine zu bilden. Aber was sind Proteine? Wir kennen Proteine als Begriff im Rahmen der Ernährung, genau wie Zucker und Fette. Das Reich der Proteine hat Millionen von verschiedenen Bewohnern. Es gibt auch Tausende und Abertausende von verschiedenen Zuckern und ebenso vielen verschiedenen Fetten, was fast unvorstellbar ist.

Wenn man über Proteine spricht, ist es so, als würde man über „die Menschen" sprechen; dabei werden die enormen individuellen Unterschiede der einzelnen Personen ignoriert. Dies ist auch bei Proteinen der Fall. Obwohl sie alle aus einer Kombination von 21 Aminosäuren bestehen, ist die Reihenfolge dieser Aminosäuren für jedes Protein einzigartig. Diese einzigartige Struktur und Funktion jedes Proteins ist genetisch in der DNA festgelegt. Genau wie in einem Morsecode Buchstaben durch eine Kombination von Punkten und Strichen dargestellt werden, werden Aminosäuren durch die Reihenfolge von drei Nukleotiden codiert. Der einfache Morsecode - - - . . . - - - ist oft lebensrettend, weil diese Sequenz als SOS-Hilferuf verwendet wird. Die Reihenfolge der Aminosäuren kann ebenso aus der Reihenfolge der Nukleotide auf der DNA abgelesen werden. All diese Tausende und Abertausende von verschiedenen Proteinen sorgen zusammen für das Innenleben der Zelle.

Ein Teil der Proteine wird Enzyme genannt und diese können alle Arten von chemischen Reaktionen ausführen, die es ermöglichen, bestimmte Produkte herzustellen oder abzubauen. Andere Proteine fungieren als Bausteine der Zelle oder als Hormone. Die Information für jede einzelne Funktion wird als Gen bezeichnet. Zum Beispiel wird das Hormon „Insulin" aus der Information eines Gens hergestellt, das aus 1431 Nukleotiden besteht. Nimmt man die Information aller Gene zusammen, so beträgt diese etwa 4 % der gesamten DNA.

Bis vor kurzem waren die verbleibenden 96 % als „Junk-DNA" bekannt. Dies ist ein typisches Beispiel für eine gängige menschliche Eigenschaft: „Was wir nicht verstehen, kann nicht wichtig sein". Doch diese 96 % sind von größter Bedeutung, denn sie ermöglichen eine ständige Regulierung dessen, was in jeder Zelle verwendet werden soll.

Wie ist es möglich, dass unser Körper eine so unglaublich komplexe Form hat und doch alles an richtiger Stelle ist? So sehr, dass wir einen genauen anatomischen Atlas all unserer Knochen, Blutgefäße, Organe usw. erstellen können! Ganz zu schweigen von der Komplexität unseres Gehirns mit allem, was damit verbunden ist.

In diesem Gehirnbereich müssen wir herausfinden, wie unsere Gefühle die Nutzung unserer Gene regulieren können.

Nachdem das Ei befruchtet wurde, finden einige Teilungen statt und kleine Zellgruppen spezialisieren sich darauf, ein Mensch zu werden. Nicht alle Zellen bleiben gleich, denn wenn das der Fall wäre, wären wir nicht mehr als ein amorpher Gewebeklumpen. Bei jeder Zellteilung bleibt die DNA in den neu gebildeten Zellen gleich und daher kann jede Zelle prinzipiell alles tun. Eine Nierenzelle muss sich jedoch von einer Zelle unterscheiden, die einen Knochen bildet. Daher müssen sich Zellen spezialisieren. Diese Spezialisierung wird erreicht, indem Gruppen von Genen auf spezifische Weise ein- und ausgeschaltet werden, was zu einzigartigen Kombinationen von Funktionen führt. Aufgrund dieser Eigenschaft ist es notwendig, dass jedes Gen einen Ein- und Ausschalter hat. Der Prozess der Genkontrolle ist sehr komplex und ständig kommen neue Erkenntnisse hinzu. Neben den Ein- und Ausschaltern gibt es überall komplexe Kontrollsysteme, die nicht nur das Timing der Genaktivität bestimmen, sondern auch die Synchronisation mit anderen Genen. Würden wir uns im Detail mit dieser komplexen Materie befassen, wäre dies ein schwieriges Biochemiebuch, aber in Kap. 4 werden wir dieses wichtige Thema der Genregulation auf verständliche Art und Weise weiter diskutieren.

Im Zellkern ist alle Information in der DNA gespeichert, aber diese DNA ist so lang, dass sie in verschiedene Chromosomen aufgeteilt ist. Innerhalb eines Chromosoms ist sie ordentlich um spezielle Proteinstrukturen, die Histone, gewickelt. Dies gleicht einem Garn, das um eine Spule gewickelt ist. Je nach Position aller Ein- und Ausschalter und je nach Kontrollsystemen wird die Information eines Gens dann genutzt. Dies geschieht über eine Kopie des Gens in Form von Boten-RNA. RNA ähnelt DNA, unterscheidet sich aber in einigen Punkten. Sie ist eine einzelne Kette, während DNA aus zwei Ketten besteht, die die Doppelhelix bilden. RNA enthält auch vier Buchstaben, nur das T wurde durch ein U ersetzt. Die RNA-Kopie des Gens wird zunächst verarbeitet und dann aus dem Kern in das Zytoplasma transportiert. Im Zytoplasma gibt es allerlei Strukturen mit unterschiedlichen Funktionen. Eine dieser Strukturen sind die Ribosomen; sie übersetzen diese Information aus der RNA in eine Kette von Aminosäuren mit einer von der RNA vorgegebenen Sequenz, wodurch ein spezifisches Protein entsteht. Das Protein durchläuft noch einige weitere Vorgänge und ist dann bereit, seine spezifische Funktion auszuführen (Abb. 2.3).

Unter all den Tausenden und Abertausenden von produzierten Proteinen führt die Gruppe der Enzyme alle Arten von chemischen Reaktionen durch. So gibt es zum Beispiel Enzyme, die Fette herstellen oder den Abbau von Zuckern verursachen. Ein kleines Beispiel für das komplexe Enzymnetzwerk, das in jeder Zelle aktiv ist, ist der Zellstoffwechsel. Hierbei handelt es sich um die Reaktionen, die eine Zelle ernähren und mit Energie versorgen. Beteiligt sind

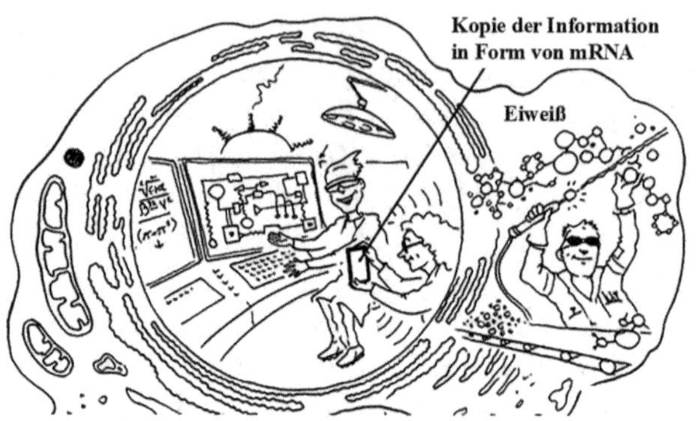

Abb. 2.3 Der Prozess der Erstellung einer RNA-Kopie eines Gens und dessen Übersetzung mit Ribosomen in die Produktion eines Proteins. (Mit freundlicher Genehmigung von Cees Heuvel)

die Proteine von 1789 Genen, und insgesamt führen acht Zellkompartimente 7440 verschiedene Reaktionen dieser Enzyme durch, was zur Herstellung von 2626 einzigartigen Produkten führt [17].

Dieses scheinbare Gewirr von Reaktionen ist in der Praxis eine gut geölte Maschinerie, die dazu dient, alle Arten von Komponenten wie zum Beispiel Bausteine herzustellen, die für die Zellprozesse benötigt werden, welche für die Energieversorgung, den Transport durch die Zelle und nach außen, die Abfallentsorgung usw. erforderlich sind. Um alles innerhalb der Zelle am richtigen Platz zu haben, ist eine geordnete Struktur notwendig. Deshalb hat jede Zelle ein Zytoskelett, das eine schöne Architektur schafft.

Welchen Teil dieses Mikrokosmos Sie auch betrachten, das Wunder bleibt bei jeder Komponente oder Funktion bestehen. Neben der erstaunlichen Komplexität findet auch alles mit enormer Geschwindigkeit und großer Präzision statt. Nun schauen wir uns den Transportsektor an.

In verschiedenen Kompartimenten werden Produkte gebildet, die dann irgendwo in der Zelle verwendet werden. Diese werden in kleinen „Blasenpackungen" verpackt und mit einem Barcode versehen, der angibt, wohin dieses Produkt geht. Innerhalb der Zelle gibt es allerlei große und kleine Leitungen, durch die die Produkte transportiert werden können. Dazu binden sogenannte Motorproteine an das Paket und Schritt für Schritt läuft dieses Motorprotein über die Leitungen zum erforderlichen Ort, wie Abb. 2.4 zeigt.

Welchen Teil der Zelle Sie auch betrachten, es ist ein fantastischer Mikrokosmos, der immer wieder erstaunt.

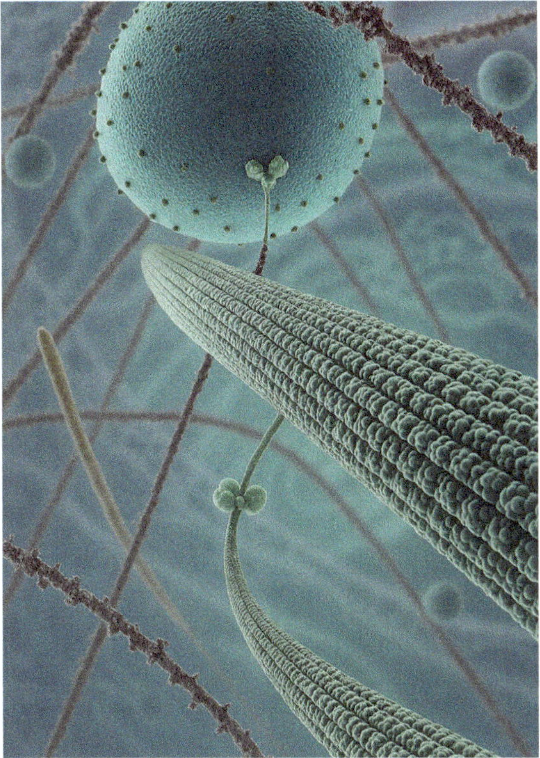

Abb. 2.4 Innerer Zelltransport. (Generiert mit ChatGPT)

3

Gehirnstruktur: Denken und Fühlen

Wenn Sie sich auf die Suche nach der Entstehung unseres Gehirns begeben, stoßen Sie auf den besonderen Namen Cnirdarian. Dies ist ein stacheliger Name, denn er stammt von Cnidos, was stechende Nadel bedeutet. Frühere Träger dieses Namens sind Seeanemonen und Quallen und dies sind die Lebewesen mit dem ersten zentralen Nervensystem und vielen lästigen Nadeln.

Wie ist das zu verstehen? Diese Wesen haben eine Öffnung, durch die sie Nahrung aufnehmen, aber der Abfall geht auch durch dasselbe Loch hinaus. Um diesen Mund/Anus herum befindet sich ein Kranz von Nerven, der mit einem ganzen Nervennetzwerk verbunden ist, das durch das gesamte Lebewesen verläuft. In diesem oralen/analen Kranz befinden sich Nervenzellen, die die Außenwelt wahrnehmen können. Die ursprüngliche Struktur ist einfach, aber im Prinzip ist sie vollständig vergleichbar mit der Art und Weise, wie unser Gehirn geformt ist.

Wenn man darüber nachdenkt, ist das durchaus verständlich. Dieser Mund/Anus ist der Kontakt zur Außenwelt. Wenn sie auf etwas Unangenehmes stoßen, müssen sie wissen, dass es nicht hineingeschlabbert oder, wenn sie es tun, schnell wieder ausgespuckt werden sollte. Was sie wahrnehmen, muss mit einem Werturteil versehen werden: gefährlich oder nützlich. Nach diesem Werturteil folgt eine Reaktion, die durch das Nervensystem an die Muskeln übertragen wird. Das Tier reagiert direkt auf das Werturteil, ob gut oder schlecht. Und siehe da, das erste zentrale Nervensystem. Quallen und Seeanemonen haben eine Gehirnfunktion, die auf der Fähigkeit zur Unterscheidung zwischen nützlich und gefährlich basiert.

© Der/die Autor(en), exklusiv lizenziert an Springer-Verlag GmbH, DE, ein Teil von Springer Nature 2026
P. J. A. Capel, *Die emotionale DNA*, https://doi.org/10.1007/978-3-662-71831-5_3

Die Wesen mögen einfach erscheinen, aber das Szenario wird noch beeindruckender. Seeanemonen reagieren nicht nur direkt auf einen Reiz über ihr Nervensystem, sondern übersetzen dies auch in eine soziale Reaktion. Seeanemonen leben in einer sozialen Struktur. Es gibt eine Arbeitsteilung in der Kolonie; die Späher sitzen außen, klein aber tapfer. Wenn etwas Bedrohliches nahe kommt, reagieren die Späher sofort und senden ein Signal an den zweiten Ring. Das sind die Krieger. Sie kämpfen mit langen Tentakeln voller Gift, während die kleinen Späher elend im Getümmel sterben. Es gibt eine dritte Art von Anemonen im inneren Bereich, die für die Fortpflanzung verantwortlich ist. Die Arbeitsteilung und die Bildung einer sozialen Struktur sind eine Reaktion auf die Gefahr aus der Außenwelt. Diese Gefahr wird vom Nervensystem wahrgenommen und löst eine individuelle und eine Gruppenreaktion aus [18].

In einem späteren Evolutionsstadium höherer Organismen wurden Mund und Anus getrennt. Es entstand ein Verdauungsschlauch mit einem separaten Eingang und Ausgang, mit vielen Nerven in beiden Bereichen. Diese beiden Nervenbereiche haben sich im Laufe des Evolutionsprozesses miteinander verbunden und bilden zusammen ein zentrales Nervensystem, das sich über dieses Grundformat hinaus weiter spezialisiert hat. Schon in ihrer primitivsten Form hat die Seeanemone eine Art Verhaltensreaktion, die sowohl das Individuum als auch die Reaktion der Gruppe lenkt. Lang lebe Freud. Die orale und anale Phase als Urgrund unserer Verhaltensexistenz.

Die Wahrnehmung von Gefahr und die Reaktion darauf ist ein Prozess, der hunderte von Millionen Jahre alt ist. Nun tritt ein wichtiges evolutionäres Merkmal hervor, nämlich dass die Evolution sowohl konservativ als auch veränderungsbereit ist. Das Prinzip eines Organismus, eine funktionale Nervenzelle zu bilden, ist sehr alt, und diese Eigenschaft hat sich durch alle Zeiten hindurch erhalten. Das Grundprinzip, wie ein Nerv aussehen sollte und wie er eine elektrische Ladung transportiert, hat sich nicht verändert und wurde über Millionen von Jahren sehr gut erhalten. Dies ist das konservative Element der Evolution. Darüber hinaus haben sich im Laufe der Zeit viele Dinge verändert und viele komplexe Funktionen entwickelt. Nach und nach wurden viele spezialisierte sensorische Funktionen hinzugefügt; ein einfaches „richtig oder falsch"-Urteil war nicht mehr ausreichend. Wir haben nun eine große Anzahl an Gehirnregionen, wohin die Signale unserer Sinne gelangen. Diese ganze Sammlung von Gehirnregionen wird als limbisches System bezeichnet und dort sind all unsere Gefühle wie Angst, Sicherheit, Depression, Lust, Sucht, etc. angesiedelt. Alles, was gesehen, gehört, gerochen oder gefühlt wird, geht zuerst zu diesem limbischen System, wo es als angenehm, beängstigend und mit allen anderen möglichen Werturteile gekennzeichnet wird.

Unmittelbar danach erzeugt dieser Teil des Gehirns die notwendigen Reaktionen. All diese Gefühle und Reaktionen sind unbewusst und können nicht kontrolliert werden.

Erst viel später in unserer Evolution wurde das Bewusstsein entwickelt und, wie bereits erwähnt, befindet es sich in einem anderen, viel neueren Teil des Gehirns.

Man kann eine sehr grobe, aber nützliche Einteilung vornehmen, wo unsere Gefühle sitzen und wo unsere bewusste Wahrnehmung und unser Denken residieren. Unser bewusstes Denken findet in der Großhirnrinde statt. Sie befindet sich an der oberen Außenseite und ist daher „der obere Raum". Unsere Gefühle werden vom limbischen System geformt, das sich im Zentrum des Gehirns oder genauer gesagt „zwischen den Ohren" befindet.

Wie sieht die Beziehung zwischen „dem oberen Raum" – dem bewussten Denken – und „zwischen den Ohren" – den Gefühlen – aus? Und was ist das stärkste?

Mit der Anatomie des Gehirns ist gemeint, dass es eine eiserne Reihenfolge gibt: zuerst das Gefühl, dann das Denken (Gedanken folgen Gefühlen). Alle unsere Beobachtungen gelangen zuerst in das limbische System, erhalten ein Werturteil und lösen dann die direkten und unbewussten Reaktionen aus. Unsere primäre Reaktion kommt von unseren Gefühlen. Erst in der zweiten Phase werden wir uns darüber bewusst, was wir wahrnehmen, aber bevor wir uns dessen bewusst werden, existiert bereits ein Werturteil, und unser Denken wird daher stark von unseren Gefühlen beeinflusst. Da das Bewusstsein relativ spät entwickelt wurde, gibt es eine relativ geringe Verdrahtung von unserem Bewusstsein zurück zum limbischen System. Daher hat unser bewusstes Denken relativ wenig Einfluss auf das limbische System, was es schwieriger macht, unsere Gefühle durch unser Denken zu lenken. Es ist jedoch nicht unmöglich.

Wir können nicht wirklich rational denken. Objektiv zu argumentieren ist nur möglich, wenn das limbische System dem Prozess ein „neutrales" Etikett gegeben hat. Warum in dieser Reihenfolge? Warum dominiert das limbische System unser Handeln?

Die Natur ist zu komplex und zu gefährlich, als dass wir unbekümmert sein und zuerst über alles nachdenken könnten. Wir, mit all unseren Vorfahren bis hin zur Seeanemone, mussten schnell unterscheiden können, ob etwas gut für uns war oder gefährlich. In der Natur kann es sich niemand leisten, zuerst alles ruhig zu überdenken; stattdessen muss schnell und angemessen gehandelt werden.

Betrachten wir die Reaktion auf Nahrung. Der Einfachheit halber fassen wir alle verschiedenen Teile des limbischen Systems zusammen und betrachten sie als Ganzes. Das ist so, als würde man von Europa sprechen, auch wenn wir wissen, dass das Baskenland und Litauen völlig unterschiedlich sind und jede Region ihre eigene Geschichte und Sprache hat. Nahrung, durch Geruch und Farbe, informiert Sie sofort darüber, ob sie gesund und ungiftig ist. Alle unsere Sinne nehmen teil an der Entscheidung, ob etwas essbar ist oder nicht. Sie müssen nicht lange nachdenken über eine faul riechende, weiche Kartoffel mit einem blauen, haarigen Schleier um sie herum, die ein matschiges Geräusch macht, wenn man sie drückt. Der Reiz jedes einzelnen Sinnes an sich reicht aus, um den Appetit zu verlieren, aber die Kombination von negativen Reizen macht es völlig unmöglich, auch nur daran zu denken, sie zu essen.

Ich wurde einmal zu einem herrlichen Abendessen eingeladen. Als Scherz hatte der Gastgeber jedoch allen Gerichten eine starke Farbe gegeben. Der Farbstoff selbst hatte absolut keinen Geschmack und war völlig harmlos. Dies war der optimale Test, um die Stärke unserer limbischen Handlungen mit der Stärke unseres Denkens zu vergleichen. Ich wusste, dass es ein fantastisches Essen war, mit den köstlichsten Gerichten und dass all diese seltsamen Farben harmloser Unsinn waren. Aber als ich ein hellgrünes Steak zu meinem Mund führte, bekam ich ernsthafte Probleme. Trotz all meiner Willenskraft und Überzeugung gelang es mir nicht zu schlucken, und das lag sicherlich nicht an mangelndem Appetit. An diesem Abend war ich das hungrige Opfer meines limbischen Systems.

Nahrung mit der falschen Farbe verursacht Ekel und dies resultiert in einer heftigen, körperlichen Reaktion. Auch Gerüche haben eine solch starke Wirkung.

Viele Menschen verbinden etwas Negatives mit Rosenkohl und all diese emotionale Aufregung um Rosenkohl ist sehr erklärbar. In vielen Kohlsorten gibt es etwas, das ein wenig giftig ist. Nun haben wir ein spezielles Enzym, um diese falsche Verbindung abzubauen, sodass es keine Probleme geben sollte, wenn wir Rosenkohl essen. Dieses Enzym ist jedoch bei kleinen Kindern oft nicht ausreichend vorhanden und deshalb mögen sie meistens keinen Rosenkohl.

Das limbische System erkennt den falschen Geruch und sagt: „Iss das nicht", aber oft kommen die Eltern mit dem Spruch: „Iss nur eine", und das kann eine große Kerbe in die Eltern-Kind-Beziehung schlagen. Das Kind weiß instinktiv, dass es falsch ist und wird sich heftig wehren. Der Elternteil, der das Enzym hat, ist von der Vernünftigkeit der Situation überzeugt. Beide wissen es sicher und werden für ihre Rechte kämpfen. Und deshalb ist Rosenkohl in Ihrem limbischen System für den Rest Ihres Lebens emotional programmiert. Abgesehen von allen von der Natur vorprogrammierten Reaktionen, gibt es einen enormen Lernprozess. Wir assoziieren ständig Situationen und Gefühle miteinander. Die ersten Beobachtungen im Leben sind besonders wichtig. Wenn Sie nach vielen Jahren den Duft des Hauses Ihrer Großmutter riechen, haben Sie sofort alle Assoziationen und Gefühle Ihrer Kindheit, als wäre es gestern gewesen.

Wenn Sie von einer Person bedroht werden, haben Sie Angst und wollen weglaufen. Das limbische System gibt direkt Befehle an Ihren Körper, ohne dass Sie etwas dagegen tun können.

Sie pinkeln buchstäblich vor Angst in die Hose. Das ist sehr funktional, denn wenn Sie einen Liter Urin verlieren, können Sie schneller laufen. Der Angstschweiß, der freigesetzt wird, dient zur Kühlung, denn Sie werden viel Energie verbrauchen. Die Herzfrequenz steigt und das Adrenalin schießt durch Ihre Blutgefäße. Kurz gesagt, das Etikett Angst löst eine ganze Reihe von Reaktionen aus, die lebensrettend sind. Bevor diese Wahrnehmung im relevanten Teil Ihres Gehirns angekommen ist, haben Sie bereits reagiert. Es ist das Gleiche wie bei farbigen Lebensmitteln; in einer solchen Situation ist es sehr schwierig, die Angst loszuwerden. Auch hier dominiert die limbische Reaktion.

Angst ist sehr nützlich, aber man muss unterscheiden können. Jede angstvolle Situation wird erinnert. Natürlich ist es nicht beabsichtigt, bei jeder Person, die Sie treffen, in Panik wegzulaufen, das wird Ihnen kein angenehmes soziales Leben bescheren. Also müssen Sie in der Lage sein zu entscheiden, ob Sie neben Misstrauen und Angst jemandem vertrauen können und ob diese Person Ihnen ein Gefühl der Sicherheit geben kann.

Um diese Unterscheidung treffen zu können, scannen Ihre Augen das Gesicht einer Person in einem Bruchteil einer Sekunde. Dieser Scan geht an das limbische System, wo sofort festgestellt wird, ob Sie jemandem vertrauen können oder nicht. Obwohl Sie in diesem Prozess viele weitere Beobachtungen nutzen, ist das Gesicht sehr wichtig. So wie Adrenalin durch Angst gebildet wird und Sie in einen hohen Alarmzustand versetzt, wird bei Vertrauen eine andere Substanz im Gehirn freigesetzt. Dieses Hormon heißt Oxytocin. Wenn Sie jemanden sehen und Ihr Oxytocin in einem bestimmten Teil Ihres limbischen Systems ansteigt, dann vertrauen Sie dieser Person. Wir werden später auf dieses Oxytocin zurückkommen und wie wunderbar es in Eltern-Kind-Beziehungen und Partnerwahl funktioniert.

Was erzählt uns die Geschichte der Gehirnevolution?

Descartes machte einmal die weltberühmte Aussage: „Cogito ergo sum" – Ich denke, also bin ich. Dieses Denken und unsere Intelligenz sind in der Tat eine enorme Leistung und sehr besonders. Aber unsere Gefühle dominieren diese rationale Eigenschaft weitgehend. Obwohl das Gehirn extrem komplex ist, gibt es in diesem Bereich eine einfache Dreiteilung, wo Instinkte, Gefühle und Emotionen, Denken und Bewusstsein lokalisiert sind (siehe Abb. 3.1).

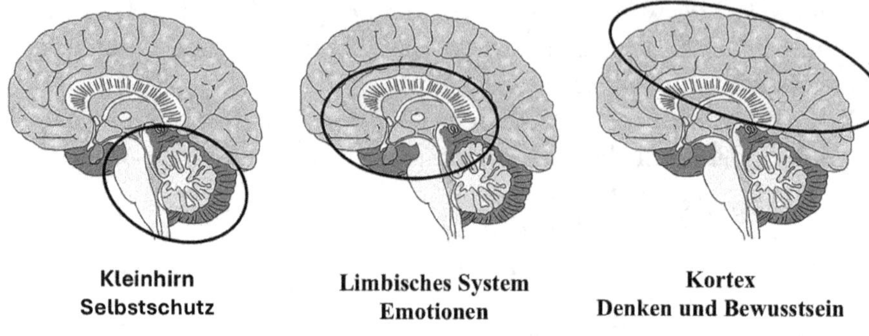

Abb. 3.1 Gehirnbereiche und ihre Funktionen. (Constantine Pankin/shutterstock)

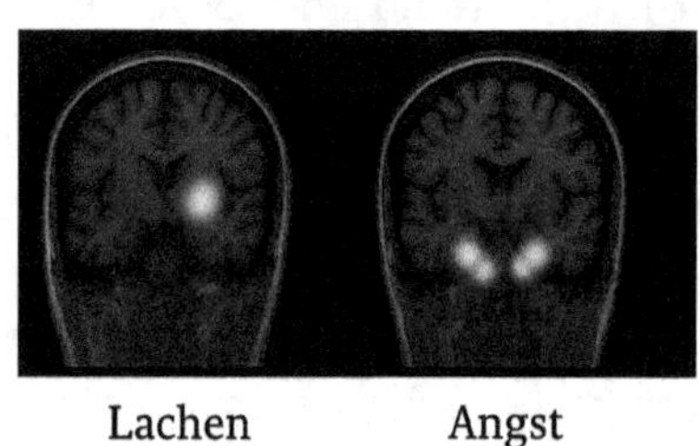

Abb. 3.2 Unterschiedliche Gehirnaktivierung bei identischer Wahrnehmung abhängig von emotionaler Assoziation. (Generiert mit ChatGPT)

Im Gegensatz zum fantastischen Kortex, mit seinen enormen Leistungen unseres bewussten Denkens, wird das limbische System in unserer Gesellschaft fälschlicherweise etwas unterbewertet.

Alle Kontakte mit der Außenwelt erfolgen über unsere Sinne, aber realisieren wir ausreichend, dass alle Beobachtungen zuerst im limbischen System aufgenommen werden? Unsere Beobachtungen werden mit Werturteilen verknüpft und mit Daten aus unserem Gedächtnis assoziiert. Obwohl dieser Prozess sehr schnell abläuft, geschieht er auf eine sehr gründliche und sorgfältige Weise, bevor Entscheidungen getroffen werden. Wie ich bereits sagte, findet all dies noch innerhalb des limbischen Systems statt. Der Kortex wird erst nach diesem Prozess informiert. Erst dann werden wir uns unserer Beobachtungen bewusst. Die Menge an Informationen, die das limbische System verarbeitet, ist enorm. Wir nehmen viel mehr wahr, als uns bewusst ist.

Die Emotionen und Gefühle, die mit Beobachtungen verbunden sind, haben eine direkte Wirkung. Die gleiche Wahrnehmung kann für eine Person als angenehm eingestuft werden, während sie für eine andere Person mit Angst verbunden ist. Diese emotionalen Werte aktivieren völlig unterschiedliche Gehirnregionen (siehe Abb. 3.2).

Nicht nur reagiert das Gehirn völlig unterschiedlich auf die emotionalen Assoziationen, auch alle hormonellen Reaktionen sind unterschiedlich, ebenso wie die Aktivierung von Transkriptionsfaktoren.

Vom limbischen System aus hallt die emotionale Wertschätzung eines Ereignisses bis hin zur Ebene der Nutzung unserer Gene nach.

Descartes schätzte unser kognitives Denken zu Recht, hat aber den enormen Beitrag unserer Emotionen stark unterschätzt.

4

DNA – Genetik und Epigenetik

Es gibt viele Theorien über den Ursprung des Lebens. Als die Erde vor etwa 4,6 Milliarden Jahren als großer Feuerball entstand, gab es kein Leben auf der Erde. Die ältesten bisher gefundenen Fossilien sind 3,7 Milliarden Jahre alt. Die Frage ist, was in den ersten Milliarden Jahren passiert ist. Zunächst einmal muss man sich bewusst machen, was eine Milliarde Jahre in Wirklichkeit bedeutet. Das ist eine so immense Zeitspanne, in der so viele Ereignisse stattfinden können, dass jeder Prozess, egal wie gering seine Chance auch sein mag, realisiert werden kann.

Nach der Entstehung unseres Universums vor etwa 13,7 Milliarden Jahren wurde allmählich die atomare Materie gebildet, die wir heute als die Elemente Kohlenstoff, Stickstoff, Schwefel usw. kennen. Diese Elemente bildeten molekulare Strukturen, die zeigten, dass Kohlenstoff äußerst geeignet war, die Grundlage der organischen Moleküle zu bilden, aus denen das Leben aufgebaut werden kann. Diese organischen Moleküle finden sich überall im Universum, aber der Schritt zum Leben ist sehr komplex und erfordert sehr spezielle Umstände. Angesichts der immensen Anzahl von Galaxien mit ihren unzähligen Sternen und Planeten könnten diese Bedingungen für die Entstehung des Lebens an mehreren Orten, aber sicherlich auf der Erde, erfüllt worden sein. Die minimalen Grundzutaten für die Bausteine des Lebens sind Proteine, Fette, RNA und DNA. Proteine sind Ketten von Aminosäuren und Fette sind eine Reihe von Kohlenstoffatomen, zusammen mit etwas Wasserstoff und Sauerstoff. RNA und DNA sind Ketten von vier verschiedenen Nukleotiden. Auf relativ einfache Weise können chemische Reaktionen Aminosäuren, Fette und Nukleotide bilden, was nur wenig Zauberei erfordert. Aber um daraus lebende Zellen zu machen, ist noch viel Arbeit erforderlich. Es ist eine spezielle Umgebung notwendig, um all diese Komponenten zu Protei-

© Der/die Autor(en), exklusiv lizenziert an Springer-Verlag GmbH, DE, ein Teil von Springer Nature 2026

P. J. A. Capel, *Die emotionale DNA*, https://doi.org/10.1007/978-3-662-71831-5_4

nen, RNA und DNA zu organisieren, und dann müssen sie in fetthaltige Substanzen verpackt werden. Zunächst müssen die Komponenten eine ausreichend hohe Konzentration haben, um miteinander reagieren zu können. Einfach irgendeine Ursuppe im Meer ist keine Option, es muss kleine Kompartimente geben, um eine ausreichende Konzentration der Bausteine zu erreichen. Darüber hinaus muss Energie vorhanden sein, um die Ketten aus den losen Komponenten zu bilden, und dies geschieht am besten auf einer Oberfläche, die als Katalysator wirkt. Vor nicht allzu langer Zeit wurden vulkanische Schlote auf dem Meeresboden entlang der tektonischen Plattenbrüche entdeckt, die alle Arten von Mineralien ausstoßen und eine schwammige Kristallstruktur mit viel Eisen und Nickel bilden. Dies sind wunderschöne kleine Kompartimente mit einer Wand, die als Katalysator wirken kann. Neben all den verschiedenen Gasen und Verbindungen wird freier Wasserstoff gebildet, der die ideale Energiequelle ist, um die für die Entwicklung des Lebens notwendigen Reaktionen auszuführen. Es ist hypothetisch, wo und wie das Leben entstanden sein könnte, aber es ist eine attraktive Hypothese und diese hydrothermalen Schlote könnten sich gut als das fehlende Glied des Übergangs von der organischen Chemie zur Biochemie eignen, mit dem Leben als Ergebnis [19] (siehe Abb. 4.1).

Die vier Bausteine der DNA, die Nukleotide, könnten spontan durch chemische Reaktionen unter den damals auf der Erde herrschenden Bedingungen entstanden sein [20]. Diese vier Komponenten lassen sich extrem leicht miteinander verbinden und bilden so eine lange Kette. Dieser Prozess könnte leicht in diesen hydrothermalen Schloten stattgefunden haben. Die Abfolge der vier

Abb. 4.1 Vulkanische hydrothermale Schlote als möglicher Ort für die Entwicklung des Lebens. (Generiert mit ChatGPT)

Komponenten, die mit den Abkürzungen A, T, G und C angegeben werden, enthält Informationen. Wie ein Computer seine Informationen mit einer Reihe von Nullen und Einsen speichert, tut dies die DNA mit der Abfolge dieser vier Komponenten.

Wie dieser Prozess der DNA-Bildung tatsächlich in der Realität abgelaufen ist, ist sehr interessant, aber selbst wenn wir dies nicht vollständig verstehen, bleibt die Tatsache, dass in diesen ersten Milliarden Jahren die DNA als genetische Grundlage des Lebens gebildet wurde.

Am 28. Februar 1953 präsentierten James Watson und Francis Crick die Doppelhelixstruktur der DNA (siehe Abb. 4.2): zwei lange Stränge, die sich

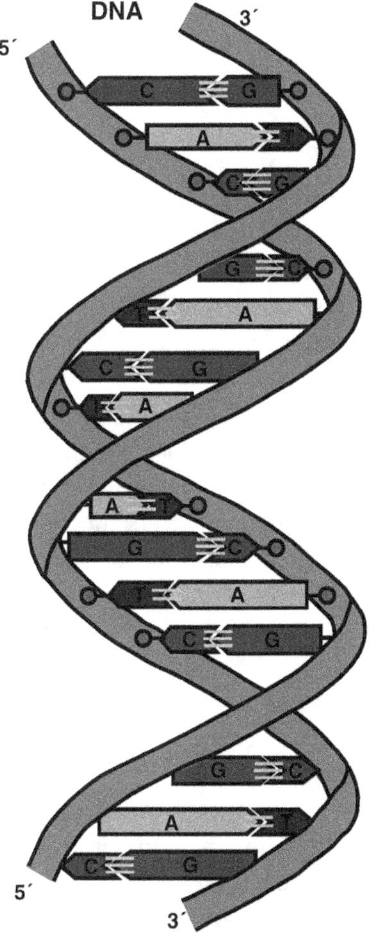

Abb. 4.2 Doppelhelixstruktur der DNA. (Aus Eckstein, S. (2011). Biologische Grundlagen. In: Informationsmanagement in der Systembiologie. Springer, Berlin, Heidelberg. https://doi.org/10.1007/978-3-642-18234-1_2 Abb 2.1)

wie eine Wendeltreppe umeinander winden. Die Abfolge der Nukleotide auf einem Strang enthält die genetische Information. Wenn es irgendwo auf einer Linie ein A gibt, bindet es an ein T auf der anderen Linie. Ebenso bindet G an C. Dadurch entsteht eine Struktur, bei der eine Kette eine Art Spiegelbild der anderen ist. Dies erleichtert das Kopieren von DNA-Informationen. Wenn irgendwo in der Evolution ein Stück nützlicher genetischer Information entstanden ist, kann es leicht erhalten werden, indem immer wieder genügend Kopien davon gemacht werden.

Ein wichtiger Aspekt der DNA ist, dass alle Lebensformen die gleiche DNA-Struktur haben und sich nur in der Abfolge der vier Nukleotide unterscheiden, die die genetische Information dieser spezifischen Lebensform bestimmen.

Die Gesamtinformation der menschlichen DNA besteht aus der Abfolge von 6,6 Milliarden Nukleotiden. Bei Menschen wurde diese Abfolge erst kürzlich bestimmt; dieses umfangreiche Projekt, das „Human Genome Project", wurde 1990 gestartet und am 14. April 2003 abgeschlossen. Dreizehn Jahre Arbeit und Gesamtkosten von 2,7 Milliarden Dollar. Aber die menschliche DNA wurde nun kartiert. Eine unglaubliche Leistung und der Beginn einer neuen Ära. Die Wissenschaft steht nicht still; die technische Entwicklung in diesem Bereich ist so rasant, dass ein menschliches Genom jetzt in wenigen Tagen bestimmt werden kann und die Kosten auf etwa 1000 Dollar gesenkt wurden.

Aufgrund dieser spektakulären Entwicklungen kennen wir jetzt die Gene, aus denen wir aufgebaut sind. Ein Gen ist jenes Stück DNA, das die Information für die Herstellung eines spezifischen Proteins enthält. Es gibt viele tausend verschiedene Proteine, alle mit unterschiedlichen Funktionen. Ein Protein besteht aus 21 verschiedenen Aminosäuren und die Abfolge dieser Aminosäuren bestimmt die Struktur und Funktion dieses Proteins. Diese Aminosäuresequenz ist in der Reihenfolge der vier Buchstaben (Nukleotide) auf einem Gen festgelegt. Diese Abfolge der vier Buchstaben im Gen wird als genetischer Code bezeichnet und mit dieser Information kann das spezifische Protein hergestellt werden. In technischen Begriffen wird dies als „ein Gen kodiert für ein Protein" bezeichnet.

Als unsere DNA kartiert wurde, stellten wir fest, dass wir etwa 20.500 verschiedene Gene haben. Mit diesen müssen wir unseren gesamten Körper aufbauen und funktionieren lassen.

All diese Geninformationen zusammen machen nur einen kleinen Prozentsatz unserer gesamten DNA aus. Bescheidenheit ist nicht die am weitesten entwickelte Eigenschaft des Menschen und weil diese DNA nicht für Proteine kodiert und ihre Funktion unbekannt war, wurde die verbleibenden 96 % als

Junk-DNA bezeichnet. Wenn man bedenkt, dass jeder Mensch als eine Zelle begonnen hat und dass von dort aus unser Körper gebildet wird, der aus 40.000.000.000.000.000 sehr unterschiedlichen Zellen besteht, die alle die gleiche DNA enthalten, ist Junk-DNA wahrscheinlich nicht der passendste Name. Es muss also eine riesige Organisation geben, die in all diesen verschiedenen Zellen spezifische Gene ein- und ausschalten kann, um eine einzigartige Funktion zu schaffen.

In einer Nierenzelle sind andere Gene aktiv als in einer Leberzelle, weil diese Organe völlig unterschiedliche Funktionen haben. Wenn man jedoch bedenkt, dass die Nierenzelle und die Leberzelle die gleiche DNA haben, aber die Information auf völlig unterschiedliche Weise genutzt wird, dann muss es einen mächtigen Kontrollmechanismus geben. Langsam aber sicher beginnen wir, ein wenig mehr von diesen 96 % „Müll" zu verstehen.

Da die Gesamtlänge der DNA in einer Zelle zwei Meter beträgt, muss sie ordentlich organisiert sein, um in den kleinen Raum des Zellkerns zu passen, nämlich drei Tausendstel eines Millimeters. Genau wie Garn auf eine Spule gewickelt wird, wird die DNA auf spezielle Proteine, sogenannte Histone, gewickelt. Zusammen mit anderen Proteinen entsteht ein wohlgeordneter Komplex, in dem scheinbar uninteressante Teile dieser Junk-DNA eine sehr wichtige Rolle spielen. Wenn man die DNA aller Zellen unseres Körpers in eine Linie bringt, kommt man zu der erstaunlichen Entdeckung, dass diese extrem lang ist, nämlich 70 Mal die Entfernung von der Erde zur Sonne und zurück. Wenn man alle Zellen zusammen nimmt, dann besteht die gesamte DNA in unserem Körper aus einem Code, der aus einer unglaublich großen Zahl mit 23 Nullen besteht. Und wenn man dann bedenkt, dass dies fast immer gut geht, ist etwas Ehrfurcht vor der DNA-Welt angebracht.

Die funktionalen Unterschiede zwischen den Zellen werden dadurch bestimmt, welche Gene in der jeweiligen Zelle aktiv sind. Im Prinzip können alle Zellen alles tun, aber glücklicherweise wachsen nicht überall Zähne, nur bestimmte Zellen im Kiefer machen das möglich, weil sie eine einzigartige Kombination von Genen haben, die zum Ausdruck kommen. Die Regulierung dieser Genexpression ist sehr komplex und hier beschränken wir uns auf zwei sehr wichtige Mechanismen. Der erste Mechanismus betrifft den Prozess, wie ein Gen ein- oder ausgeschaltet wird, wobei Transkriptionsfaktoren eine dominante Rolle spielen. Der zweite Mechanismus, die Epigenetik, ist der Prozess, durch den Gene vollständig blockiert werden können, sodass sie überhaupt nicht genutzt werden können. Diese Blockade kann vorübergehend sein, aber auch lebenslang andauern und durch einen noch unbekannten Prozess kann eine solche Blockade manchmal über drei Generationen hinweg weitergegeben werden.

Regulierung der Genexpression; Transkriptionsfaktoren

Transkriptionsfaktoren sind Proteine, die einen spezifischen Code auf der DNA erkennen und nach der Bindung das Gen aktivieren, das neben diesem Code liegt (siehe Abb. 4.3). Der Name leitet sich von transkribieren ab, was bedeutet „etwas in einer anderen Form überschreiben". Der DNA-Code eines Gens wird in eine leicht veränderte Form, die RNA, übertragen. Die RNA hat auch einen Vier-Buchstaben-Code, nur wurde das T durch ein U ersetzt und im Gegensatz zur DNA, die eine Doppelhelix ist, besteht die RNA aus einer einzelnen Kette. Die DNA bleibt immer im Zellkern, aber die Kopie in Form von RNA kann den Zellkern verlassen, um zu einem Kompartiment in der Zelle zu gelangen, wo mit den Informationen auf dieser RNA ein spezifisches Protein hergestellt wird. Transkriptionsfaktoren können daher als Schalter betrachtet werden, die bestimmen, ob ein Gen ein- oder ausgeschaltet ist. Dieser gesamte Kontrollmechanismus mit Transkriptionsfaktoren ist ein wichtiger treibender Faktor bei der Bestimmung, wie die verschiedenen Stammzellen aus der befruchteten Eizelle entstehen und wie von dort aus die verschiedenen Gewebe und Organe gebildet werden können. Die Bedeutung eines solchen Transkriptionsfaktors für die gesamte Entwicklung wird deut-

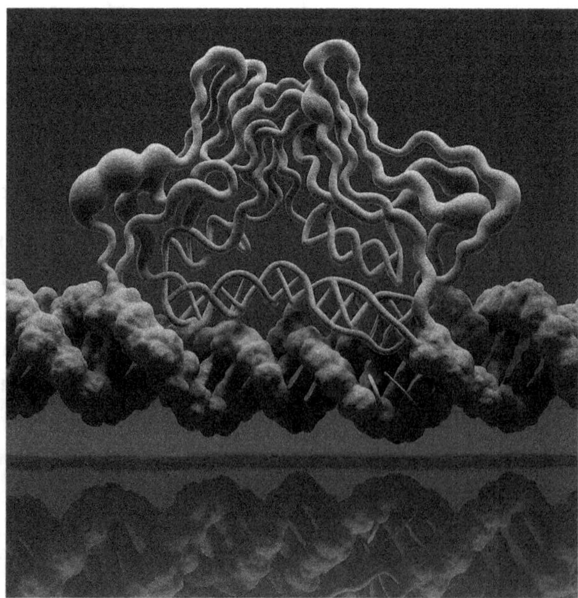

Abb. 4.3 Transkriptionsfaktor, der an die DNA bindet. (Generiert mit ChatGPT)

lich, wenn man sich zum Beispiel das Y-Chromosom ansieht. Dieses männliche Chromosom stellt nicht viel dar, wenn man sich die gesamte genetische Information ansieht. Aber es gibt eine bestimmte Funktion, deren Effekt nicht unterschätzt werden sollte: das SRY-Gen. Dieses Gen kodiert für einen spezifischen Transkriptionsfaktor.

Menschen haben 22 Paare von Chromosomen und zwei weitere Geschlechtschromosomen. Bei der Frau sind dies zwei X-Chromosomen und beim Mann ein X- und ein Y-Chromosom. Zwei X-Chromosomen sind eine nicht lebensfähige Kombination, daher wird ein X-Chromosom bei der Frau weitgehend deaktiviert. Die Frau hat also 45,1 funktionale Chromosomen statt 46. Vor etwa 300 Millionen Jahren war das Y-Chromosom ein vollwertiges Gegenstück zum X-Chromosom, aber während der evolutionären Reise verlor dieses Chromosom 1393 seiner 1438 Gene. Obwohl dies nicht ganz korrekt ist, kann man sagen, dass das heutige männliche Y-Chromosom eigentlich eine Art inaktiviertes X-Chromosom ist, plus dem wichtigen Transkriptionsfaktor SRY. Dieser Faktor sorgt dafür, dass die normale weibliche Entwicklung nun in eine männliche Entwicklung umgewandelt wird. Alle Unterschiede zwischen Männern und Frauen sind somit aus der ursprünglichen Aktivität eines Transkriptionsfaktors hervorgegangen. So wird Eva plus ein Transkriptionsfaktor zu Adam.

Der durchschnittliche Transkriptionsfaktor reguliert die Aktivität von etwa 100 bis 250 verschiedenen Genen. Die Gesamtzahl der verschiedenen Transkriptionsfaktoren beträgt etwa 1400, die zusammen nicht nur unseren Körper bilden, sondern ihn auch im Detail steuern [21]. Wie die Gene auf der DNA reguliert werden, ist also kein langweiliger Prozess, sondern tatsächlich ein sehr dynamischer. Während der Rhythmen von Tag und Nacht findet eine große Veränderung in der Genexpression statt, die auch durch äußere Einflüsse, ganz zu schweigen von unseren Emotionen, verursacht wird.

Regulierung der Genexpression: Epigenetik

Eine weitere wunderbare Welt ist die der Epigenetik. Wir kennen den Begriff Genetik, der die Struktur der DNA beschreibt, die Struktur, die auf der Sequenz der vier Nukleotide basiert. Diese Sequenz von genetischem Material, die wir von unseren Eltern erhalten haben, ist der Bauplan unserer Existenz. Neben der Tatsache, dass diese Gene durch Transkriptionsfaktoren ein- und ausgeschaltet werden können, können Gene auch dauerhaft oder vorübergehend blockiert werden. Das Blockieren von Genen kann mit einer einfachen Reaktion erfolgen, nämlich durch das Binden einer kleinen chemischen Verbindung, einer Methylgruppe, an eines der Nukleotide, in der Regel Cytosin, an einer sehr spezifischen Stelle in der DNA. Dies bedeutet, dass Transkriptionsfaktoren nicht mehr an dieses Gen binden können, sodass die Funktion dieses Gens nicht mehr zugänglich ist. Dieser Prozess kann eine vorübergehende, aber auch eine lebenslange Blockade erzeugen. Die Genetik bestimmt, welche Gene wir haben, die Epigenetik bestimmt, welche Gene zugänglich sind.

Wir haben gesehen, dass Emotionen über Transkriptionsfaktoren die Nutzung unserer DNA steuern, aber erst kürzlich wurde gezeigt, dass Emotionen auch unsere Epigenetik beeinflussen. Emotionen können Gene dauerhaft blockieren und diese Blockade kann bis zu drei Generationen weitergegeben werden.

Die emotionale DNA

Wie dynamisch ist unsere DNA? Sehr dynamisch. Die DNA passt sich nicht nur an dauerhafte Veränderungen in der Umwelt an, sondern reagiert auch auf soziale und kulturelle Aspekte unserer Umwelt.

Die Anpassung an die Umwelt bedeutet, dass ein Lebewesen eine völlig andere Form bekommen kann, während seine Genetik gleich bleibt. Die Beispiele in der Natur für diese phänotypischen Veränderungen sind unzählig. Ein Bakterium kann, abhängig von der Umwelt, seinen Stoffwechsel von einem sauerstoffabhängigen (aeroben) Prozess auf einen sauerstoffunabhängigen Mechanismus (anaerob) umstellen. Pflanzen verändern ihre Form, abhängig von ihrer Umwelt. Ein farbenfrohes Beispiel all dieser phänotypischen Unterschiede ist der Schmetterling *Araschnia levana*, der, abhängig von seiner Umwelt, ein völlig anderes Aussehen bekommt (Abb. 4.4).

Abb. 4.4   Zwei Formen des Schmetterlings *Araschnia levana* basierend auf derselben DNA. (Generiert mit ChatGPT)

Obwohl das Phänomen, dass ein Organismus je nach Umwelt eine andere Form annimmt, recht gut bekannt ist, bleibt das allgemeine Bild bestehen, dass die DNA statisch ist. Dies liegt daran, dass die Veränderungen im genetischen Code, die durch Mutationen verursacht werden, ein langsamer Prozess sind. Die auf diesem Prozess basierende Evolution findet in Schritten von Hunderttausenden, wenn nicht Millionen von Jahren statt. Und in der Tat, gemessen an unserer Lebenszeit, ist die genetische Struktur statisch. Deshalb ist die Diskussion darüber, ob der Genpass die Privatsphäre beeinträchtigt, auch zeitgemäß, jetzt, wo wir das menschliche Genom leicht kartieren können. Nur im seltenen Fall einer Erbkrankheit, die auf einem Fehler in einem einzigen Gen beruht, hat dieser Genpass keine Bedeutung. Die Dynamik der DNA liegt jedoch nicht in ihrer Struktur, sondern in der Art und Weise, wie sie genutzt wird. Die Frage, welcher Teil der menschlichen Entwicklung auf Natur oder Erziehung basiert, ist nicht relevant. Es ist beides und die beiden Komponenten sind untrennbar miteinander verbunden. Der ultimative Mensch wird teilweise durch seine Genetik und teilweise durch seine Umwelt bestimmt. Da die Umwelt stark beeinflusst, wie die Gene genutzt werden, ist es nicht nur wichtig, wie die Gene sind (Natur), sondern auch, wie diese Gene letztendlich genutzt werden (Erziehung).

Der gesamte Prozess, der die dynamische Nutzung von Genen steuert, ist enorm komplex und nur teilweise bekannt. Neben Transkriptionsfaktoren und epigenetischen Prozessen gibt es viele andere Kontrollmechanismen. Stellen Sie sich vor, dass ausreichend RNA-Kopien eines Gens mit den richtigen Transkriptionsfaktoren gebildet werden. Diese RNA verlässt den Zellkern und gelangt ins endoplasmatische Retikulum, das ist der Zellbereich, in dem diese RNA zu einem Protein geformt wird. Die Lebensdauer dieser RNA ist in diesem Prozess entscheidend. Wird sie abgebaut, bevor sie im endoplasmatischen Retikulum ankommt, ist es, als ob das Gen nicht genutzt wurde. Es gibt eine Reihe von Mechanismen, die die Lebensdauer der RNA kontrollieren, einige davon befinden sich auf der sogenannten Junk-DNA. Das sind sehr kurze Informationsstücke, die in sehr kleine RNA-Ketten übersetzt werden. Diese Mikro-RNAs können sich an die RNA binden und dafür sorgen, dass sie entweder gar nicht genutzt oder schneller abgebaut wird. Die Junk-DNA enthält viele sich selbst wiederholende Codes, die für die Interaktion mit den Proteinen, die die langen DNA-Stücke ordentlich organisieren müssen, äußerst wichtig sind. Diese DNA-Organisation kann bestimmen, ob Gene zugänglich sind oder nicht.

In diesem großen Labyrinth von Steuermechanismen spielen Transkriptionsfaktoren und epigenetische Blockaden von Genen eine wichtige Rolle.

Wenn wir uns die Transkriptionsfaktoren ansehen, stellen wir fest, dass die Entwicklung der befruchteten Eizelle zum letztendlichen Menschen davon bestimmt wird. Die An- oder Abwesenheit eines solchen Faktors zu einem bestimmten Zeitpunkt ist enorm wichtig. Wann, wo und wie diese Faktoren wirken, bestimmt nicht nur den gesamten Prozess der menschlichen Entwicklung, sondern auch das tägliche Funktionieren. Die Umgebung, in der wir aufwachsen und leben, ist daher sehr wichtig für die Art und Weise, wie wir letztendlich unsere Gene nutzen und folglich für das, was wir sind.

Wir nehmen unsere Umgebung durch unsere Sinne wahr. All diese sensorischen Informationen werden zunächst an das limbische System weitergeleitet, wo sie verarbeitet und mit emotionalen Werten verknüpft werden. Diese emotionale Bewertung steuert über verschiedene neuronale Netzwerke und hormonelle Prozesse einen Teil unserer Transkriptionsfaktoraktivität. Wenn eine Wahrnehmung für eine Person angenehm ist, dann ist ihr Transkriptionsfaktor aktiv anders als der von jemandem, der dieselbe Wahrnehmung als störend empfindet.

Emotionen regulieren unsere DNA

Dies gilt nicht nur für die Transkriptionsfaktoren, sondern auch für die epigenetischen Prozesse. Einflüsse von außen, aber auch die soziale und kulturelle Struktur, in der wir leben, übersetzen sich durch unsere limbische emotionale Etikettierung in die epigenetischen Prozesse. Gene können blockiert werden, indem eine kleine chemische Verbindung – die Methylgruppe – an eines der DNA-Nukleotide angehängt wird, was bedeutet, dass Transkriptionsfaktoren nicht mehr binden können. Wenn ein Kind sich entwickelt, ist es sehr wichtig, ob dies in einer fürsorglichen und sicheren Umgebung geschieht. Vernachlässigung oder Missbrauch können Gene für das Leben blockieren, was nicht nur das Verhalten, sondern auch die körperliche Entwicklung beeinflusst.

Schon pränatal ist die Umgebung sehr wichtig. Wenn die zukünftige Mutter depressiv ist, können wichtige Rezeptoren im Gehirn des Fötus blockiert werden, die die Stressreaktion des Kindes dauerhaft verändern [22].

Unsere emotionale Interaktion mit der Außenwelt ist daher äußerst wichtig für unsere Nutzung der DNA, nicht nur für unsere Entwicklung, sondern auch für unser tägliches Funktionieren.

Deshalb können wir zu Recht von der emotionalen DNA sprechen.

5

Komplexität der Wahrnehmung und freier Wille

Da es Tausende von verschiedenen Bereichen im Gehirn gibt, die zusammenarbeiten, ist die endgültige Wahrnehmung und bewusste Handlung eine sehr komplexe Angelegenheit. Um einen Einblick in diesen komplizierten Prozess zu gewinnen, müssen wir ihn etwas vereinfachen und uns zunächst auf die drei Hauptbereiche des Gehirns beschränken. Der älteste Teil besteht aus dem Hirnstamm und Kleinhirn und wird auch als Reptiliengehirn bezeichnet. Hier ist die Reaktion auf Beobachtungen der Umwelt hauptsächlich instinktiv. Der zweite Bereich, das limbische System, ist der Teil des Gehirns, in den alle sensorischen Wahrnehmungen einfließen, die dann mit Emotionen und Werturteilen verknüpft werden. Und drittens gibt es den Kortex, wo unser Bewusstsein, unser Denken und unsere bewussten Handlungen angesiedelt sind.

Unsere Gesellschaft schätzt das bewusste Denken sehr, was uns den Eindruck vermittelt, dass wir in erster Linie rationale Menschen sind. Aber ist das wahr? Wie groß ist der Einfluss unserer Gefühle und Instinkte als treibende Kraft hinter unseren Handlungen?

Jede Beobachtung beginnt mit unseren Sinnen, die ein Signal über Nervenbahnen übermitteln. Die erste Station, an der diese Signale verarbeitet werden, ist in der Regel der Thalamus, ein wichtiger Teil des limbischen Systems. Danach wird es kompliziert. Vom Thalamus aus wird die empfangene Information an alle verschiedenen Teile des limbischen Systems, wie die Amygdala und den Hippocampus, gesendet, wo Gefühle und Erinnerungen mit dieser Wahrnehmung verknüpft werden. Signale gehen auch zum Hirnstamm, wo eine instinktive Reaktion über das autonome Nervensystem ausgelöst wird. Gleichzeitig gehen Signale zum Kortex, wo wir uns der Wahrnehmung bewusst werden.

© Der/die Autor(en), exklusiv lizenziert an Springer-Verlag GmbH, DE, ein Teil von Springer Nature 2026

P. J. A. Capel, *Die emotionale DNA*, https://doi.org/10.1007/978-3-662-71831-5_5

Im Allgemeinen können wir sagen, dass aus jeder Wahrnehmung eine Kombination aus instinktiven, emotionalen und bewussten Reaktionen resultiert. Der letztendliche Beitrag jeder Komponente wird nicht durch die Beobachtung selbst bestimmt, sondern durch unsere persönliche Geschichte und die Situation des jeweiligen Moments. Wir haben keine Kontrolle über den instinktiven Teil, wir können den emotionalen Teil kaum oder gar nicht beeinflussen, aber der bewusste Teil kann, bis zu einem gewissen Grad, durch unseren Willen beeinflusst werden. Als Ergebnis ist unsere Art zu reagieren immer eine Kombination aus einer zerebralen und einer emotional-instinktiven Reaktion. Letztere wird gut durch den Begriff viszeral definiert, der übersetzt bedeutet: „in Bezug auf die Eingeweide, physisch, intuitiv". Wie diese Aufteilung zwischen zerebral und viszeral ist, variiert und ist stark mit persönlicher Beteiligung verknüpft, ist aber nie nur rational und objektiv.

Geruch ist ein gutes Beispiel dafür, wie einflussreich und subjektiv unsere Wahrnehmung ist. Schauen wir uns die Komplexität des Riechens eines Duftes an. Bei den meisten Sinnen geht die Information direkt zum Thalamus, um in emotionalen und intuitiven Prozessen verarbeitet zu werden, nach denen diese Information mit der emotionalen Kennzeichnung zum Kortex übertragen wird, wo wir uns dessen bewusst werden.

Im Gegensatz zu den anderen Sinnen geht der Nervenweg von den Duftrezeptoren in der Nase nicht zuerst zum Thalamus, sondern direkt zum Riechlappen, der Teil eines sehr alten Gehirnbereichs, dem Paläokortex, ist. Von dort gehen Signale zur Amygdala, wo Emotionen erzeugt werden, aber auch zum Hippocampus, wo der Geruch mit der Erinnerung verknüpft wird und somit sehr starke Assoziationen mit der Vergangenheit hervorruft. Und es gibt nicht nur Emotionen und Erinnerungen, sondern auch eine direkte, reflexbasierte Reaktion vom Hirnstamm. Beladen mit all diesen Emotionen, Erinnerungen und Reflexen werden wir uns des Geruchs in einem bestimmten Teil des Kortex bewusst. Es ist nicht nur die Wahrnehmung des Geruchs, die dieses Kaleidoskop von Prozessen im Geruchszentrum im Gehirn startet, sondern es beeinflussen auch alle Arten von anderen Phänomenen, wie Sprache, unsere Wahrnehmung. Das Ausdrücken oder sogar Lesen eines Wortes, das mit einem Geruch in Verbindung steht, wie Zimt, kann bereits das Geruchszentrum im Gehirn aktivieren [23]. Nicht nur das Geruchszentrum im Gehirn wird durch Assoziationen aktiviert, sondern auch unser unbewusstes Handeln wird stark von Gerüchen beeinflusst. Ist es zum Beispiel möglich, dass unser Glücksspielverhalten durch Geruch beeinflusst werden kann? Ein Experiment in einem Casino in Las Vegas zeigte, dass 45 % mehr Geld ausgegeben wurde, wenn die Menschen sich in einem Raum mit einem angenehmen Duft befanden. Eine einfache Wahrnehmung wie ein Duft stellt sich als nicht so einfach heraus. Wenn wir noch genauer auf Geruch schauen, sehen wir, dass es auch wichtig ist, in welcher Gehirnhälfte der Prozess stattfindet. Eine Testperson musste den Namen eines Duftes sagen und auch angeben, wie angenehm er war. Die rechte Nasenöffnung gab dem Duft ein angenehmeres Erlebnis als die linke. Durch das Aussprechen des Namens wurde es durch die linke Nasenöffnung erheblich besser [24]. Düfte verursachen nicht nur Emotionen, sondern können sie auch übermitteln. Wenn eine Person ängstlich ist, sondert sie spezifische Gerüche über den „Angstschweiß" ab, was wiederum eine ängstliche Reaktion bei einer anderen Person auslöst [25]. Schmerzempfindlichkeit kann auch durch Geruch übertragen werden. Bei Mäusen kann man die Schmerzempfindlichkeit messen. Wenn eine Maus in einem Käfig Schmerzen erlebt, werden die anderen Mäuse schmerzempfindlicher. Dieser Prozess erfolgt durch den Geruch, was bedeutet, dass dies eine soziale Übertragung der Schmerzerfahrung ist [26].

Geruch kann auch eine starke Wirkung haben, wenn er unbewusst gerochen wird. Nehmen wir Sexualität und Partnerwahl. Der Geruch von Pheromonen ist ein wichtiger Aspekt der Sexualität, aber niemand weiß, wie Pheromone tatsächlich riechen, oder nimmt ihre Anwesenheit wahr.

Instinkte und Emotionen, die durch solche Gerüche verursacht werden, liegen vollständig außerhalb unseres Bewusstseins, sind aber sehr mächtig. Ein schönes Beispiel dafür ist, dass Frauen, die in einem Nachtclub Lapdance machen, während ihrer Ovulation viel mehr Geld in ihre knappe Unterwäsche gesteckt bekommen als zu einem anderen Zeitpunkt. Diese unbewusste Wahrnehmung findet sowohl bei Männern als auch bei Frauen statt. Die Empfindlichkeit gegenüber männlichen Pheromonen bei Frauen ist während der Ovulation 10.000 Mal stärker als während der Menstruation.

Neben diesen Pheromonen gibt es andere Düfte, die die Partnerwahl unbewusst stark beeinflussen können. Jeder Mensch hat ein anderes Immunsystem. Einige Komponenten dieses Systems haben fast die gleiche Struktur, aber kleine Unterschiede innerhalb dieser Moleküle machen es möglich zu bestimmen, ob es eine Immunreaktion gibt oder nicht. Eine Person kann sich sehr gut gegen Malaria verteidigen, aber nicht gegen Gelbfieber, während eine andere Person kein Problem mit Gelbfieber hat, aber mit Malaria zu kämpfen hat. Es ist sehr wichtig bei der Fortpflanzung, dass Ihr zukünftiger Partner nicht das gleiche Immunmuster hat, sondern dass diese Muster sich ergänzen, sodass das Kind maximalen Widerstand gegen alle möglichen Krankheitserreger hat. Aber wie erkennen Sie den Status des Immunsystems Ihres Partners bei der Wahl? Die Kombination von Molekülen, die zu der Variation des Immunsystems führt, ist für jeden Menschen einzigartig. Diese Moleküle werden MHC-Moleküle genannt. Diese MHC-Moleküle werden in kleine Stücke geschnitten und in verschiedenen Körperflüssigkeiten ausgeschieden. Dadurch kann man die Struktur des Immunsystems der anderen Person riechen und dieser Geruch spielt eine wichtige Rolle bei der Partnerwahl [27].

Das Phänomen der Schambehaarung ist in diesem Zusammenhang interessant. Bevor ein Kind geschlechtsreif ist, spielen diese MHC-Düfte überhaupt keine Rolle und es gibt keine Schambehaarung. Aber ab der Pubertät muss das Schamhaar eine möglichst große Oberfläche schaffen, um sicherzustellen, dass diese Gerüche am besten an den Stellen verbreitet werden, an denen sie ausgeschieden werden.

Wenn Hunde sich treffen, riechen sie sofort aneinander, um ihre Identitäten kennenzulernen. Dieser Mechanismus ist im Tierreich sehr verbreitet. Stichlinge schwimmen nebeneinander, damit sie die MHC-Düfte des anderen riechen können, wonach die Weibchen entscheiden, ob sie Eier legen, die dann von diesem Männchen befruchtet werden können [28].

Etwas so Einfaches wie einen Geruch wahrzunehmen, ist ein sehr komplexer Prozess. Nicht nur die verschiedenen Gehirnregionen beeinflussen sich gegenseitig, sondern auch die Stimmung, der emotionale Hintergrund, Erwartungen, Assoziationen und soziale Umweltfaktoren sind entscheidend. Die endgültige Reaktion auf einen Geruch hängt auch davon ab, ob man sich dessen bewusst ist oder nicht.

Die Wahrnehmung von Schmerz ist ebenfalls sehr subjektiv. Viele Studien zeigen, dass Emotionen den Schmerz beeinflussen. Fast jeder hat so etwas schon einmal erlebt. Ein pochender Kopfschmerz, der sofort verschwindet, wenn sich ein lang erwarteter Besucher meldet, oder ein Zahnschmerz, der nach einem heftigen Streit viel intensiver wird. Bei negativen Emotionen werden alle möglichen Bereiche im Gehirn aktiviert. Diese Aktivitäten finden im Hirnstamm, dem Unterbewusstsein, sowie in verschiedenen intuitiven Teilen des limbischen Systems, das wir als emotionalen Teil bezeichnen, und in Bereichen des Kortex, den wir als bewusst bezeichnen, statt. All diese Aktivitäten können den endgültigen Schmerz stark beeinflussen [29]. Nicht nur reale Umweltfaktoren sind wichtig, auch der Erwartungsfaktor spielt eine Rolle. Wenn man starke Schmerzen erwartet, kann ein kleiner Schmerzreiz als sehr schmerzhaft empfunden werden. Umgekehrt ist es möglich, dass ein heftiger Schmerzreiz nicht als solcher empfunden wird, wenn man wenig Schmerz erwartet [30]. Es geht jedoch nicht nur darum, wie man von der Umwelt beeinflusst wird oder was man von ihr erwartet, sondern auch um das eigene Wesen. Optimismus hat einen starken Einfluss. Das Schmerzerlebnis ist anders, wenn man das Glas halb voll statt halb leer sieht [31]. Ebenso erstaunlich ist die Kraft des Glaubens beim Ertragen von Schmerzen. Zwei Gruppen von zwölf Personen wurde ein Bild gezeigt. Eine Gruppe war streng katholisch und die andere Gruppe war atheistisch. Den Probanden wurde ein Schmerzreiz verab-

Abb. 5.1 Der Einfluss auf das Schmerzerlebnis nach dem Betrachten von Leonardo da Vincis „Die Dame mit dem Hermelin" und Sassoferratos Madonna. (Generiert mit ChatGPT)

reicht. Als Leonardo da Vincis „Die Dame mit dem Hermelin" gezeigt wurde, erzielten beide Gruppen in Bezug auf den Schmerz die gleiche Punktzahl. Aber wenn sie zuerst das Bild der Madonna von Sassoferrato betrachteten, hatten die Gläubigen eine deutlich niedrigere Schmerzpunktzahl, während die Atheisten für beide Porträts die gleiche Punktzahl hatten (siehe Abb. 5.1). Diese verminderte Schmerzempfindung war keine vage Situation, sondern eine sehr reale, da bei den religiösen Menschen ein spezifischer Teil des Gehirns im rechten ventrolateralen präfrontalen Kortex aktiviert wurde, als sie die Madonna sahen. Es gab auch spezifische Aktivitäten im Hirnstamm, wo die Prozesse nur unterbewusst sind. All diese kombinierten Gehirnaktivitäten modulieren die Schmerzempfindung [32].

Wir haben gesehen, dass bei der Wahrnehmung viele Bereiche des Gehirns gleichzeitig aktiv werden und alle zum endgültigen Ergebnis beitragen, wobei Erinnerungen, aber auch Stimmungen und Umweltfaktoren, einen großen Einfluss nehmen.

Die Bedeutung von Erinnerungen wurde in jüngster Zeit gut untersucht. Das emotionale Gedächtnis befindet sich hauptsächlich im Hippocampus, einem Teil des limbischen Systems. Es ist nun möglich, bei Mäusen genau die Nervenzellen im Hippocampus zu erkennen, die an einer spezifischen Erinnerung beteiligt sind. Außer zur Identifizierung zu dienen, können diese Zellen auch spezifisch aktiviert werden. Wenn die Zellen, die an einer Erinnerung an eine ängstliche Situation beteiligt sind, stimuliert werden, zeigt die Maus eine intensive Angstreaktion. In der friedlichen Umgebung der Maus, wo nichts beängstigend ist, wird dieses Tier immer noch heftig reagieren, nur durch die Reaktivierung der Erinnerung [33]. Und es geht noch weiter als das. Stellen Sie sich vor, Sie fahren jeden Sommer in den Urlaub an einen besonderen Strand und fühlen sich gut, wenn Sie daran denken. Aber dieses Gefühl kehrt sich völlig um, wenn Sie jemanden am selben Strand ertrinken sehen. Die Erinnerung an den Strand bleibt, aber die Gefühle, die damit verbunden sind, haben sich geändert. Die reine Erinnerung (der Strand) befindet sich im Hippocampus, aber die angenehmen oder unangenehmen Gefühle, die damit einhergehen, befinden sich in einem speziellen Bereich der Amygdala, einem anderen Teil des limbischen Systems. Durch diese wunderbaren, aber komplizierten Techniken kann man die Zellen, die im Hippocampus und in der Amygdala beteiligt sind, spezifisch stimulieren. Dadurch können die Gefühle, die mit dieser Erinnerung verbunden sind, von positiv zu negativ oder von negativ zu positiv geändert werden [34].

Natürlich kann man sich fragen, ob positive Erinnerungen einen negativen psychischen Zustand wie Depressionen beeinflussen können; und dann werden die Mäuse wieder einbezogen. Von diesen Mäusen bekamen drei Gruppen ein angenehmes, neutrales oder ängstliches Erlebnis, und diese Erinnerungen wurden im Hippocampus gespeichert. Danach wurden die Gruppen zehn Tage lang stark gestresst, was dazu führte, dass sie depressives Verhalten zeigten. Dieses depressive Verhalten verschwand, als die Nervenzellen, die an der angenehmen Erinnerung beteiligt waren, stimuliert wurden. Die Mäuse mit einer neutralen oder ängstlichen Erinnerung (Gruppe zwei und drei) änderten ihr depressives Verhalten nicht [35].

Erinnerungen und die damit verbundenen Gefühle können unsere Wahrnehmung stark beeinflussen. Im weiteren Sinne ist es jedoch nicht nur eine spezifische Erinnerung, die wichtig ist, sondern auch eine allgemeine Gemütsverfassung wie Optimismus. Oben sahen wir, dass optimistische Menschen weniger Schmerzen empfinden. Optimismus beeinflusst nicht nur eine spezifische Wahrnehmung, er hat auch weitreichende Auswirkungen auf unsere Gesundheit. Später werden wir darauf im Detail zurückkommen.

Wie ausbalanciert ist bei der Wahrnehmung das Verhältnis zwischen bewusst oder unbewusst einerseits und objektiv oder subjektiv andererseits? Die Wahrnehmung ist fast immer mit Erinnerungen, Stimmungen und Umweltfaktoren verbunden, daher ist Objektivität eine knappes Gut. Aber wie steht es mit bewusst oder unbewusst? Die verschiedenen Bereiche des Gehirns tragen alle, in größerem oder geringerem Maße, zur endgültigen Wahrnehmung bei. Bedeutet das, dass alle Wahrnehmungen bewusst sind und der Neokortex immer daran beteiligt sein sollte? Ein gutes Beispiel ist die Frage, ob man etwas sehen kann, während man nichts sieht. Die Antwort ist Ja und dieses Phänomen wird „blindsight" genannt. Es gibt einen Patienten, bei dem nach zwei Hirnblutungen der visuelle Kortex so beschädigt wurde, dass er völlig blind ist. Wenn diesem Patienten eine Reihe von Kreisen und Quadraten gezeigt wird, kann er keine Unterscheidung treffen, was angesichts seiner Blindheit zu erwarten ist. Aber wenn Gesichter mit einem ängstlichen oder glücklichen Ausdruck gezeigt werden, hat er eine ziemlich korrekte Punktzahl, wobei Ängstlichkeit am einfachsten zu bewerten ist. Wenn während dieses Prozesses ein funktionelles MRT gemacht wird, stellt sich heraus, dass die Amygdala auf der rechten Seite aktiv ist. Es scheint also, dass emotionale Gesichtsausdrücke unbewusst wahrgenommen werden können [36]. Zusätzlich zur Wahrnehmung menschlicher Emotionen konnte dieser Patient auch durch einen Korridor gehen, in dem alle möglichen Hindernisse platziert waren, ohne mit ihnen zu kollidieren: Navigation ohne bewusste Wahrnehmung [37]. Um die Möglichkeit auszuschließen, dieser Patient habe noch irgendeine Restaktivität, wurde dasselbe Experiment mit sehenden Menschen durchgeführt. Es ist möglich, den visuellen Kortex von außen mit einem starken Magnetfeld abzuschalten. Diese Technik wird „transkranielle Magnetstimulation" genannt. Den Probanden wurden auf einem Bildschirm vier Emoticons gezeigt, von denen drei neutral und das vierte fröhlich oder traurig war, und sie mussten angeben, ob es ein fröhliches oder ängstliches Emoticon gab. Die Emoticons wechselten sehr schnell und waren ständig an anderen Stellen. Die durchschnittliche korrekte Punktzahl lag bei etwa 80 %. Wenn der visuelle Kortex bei diesen Probanden durch das Magnetfeld am Hinterkopf abgeschaltet wurde, konnten sie nichts mehr sehen, aber die Punktzahl blieb gleich. Also gab es auch hier eine Art „blindsight" und Emotionen wurden unbewusst wahrgenommen. Während des normalen Tests ohne das Magnetfeld war die Geschwindigkeit der wechselnden Emoticons sehr hoch und die Probanden hatten keine Zeit zum Nachdenken. Als die Änderungen sich verlangsamten und sie mehr Zeit zum bewussten Nachdenken hatten, gab es folgendes unerwartetes Ergebnis: Die Punktzahl sank dramatisch und sie machten deutlich mehr Fehler. Die bewusste Wahrnehmung verlangsamte das Unterbewusstsein [38].

Wir müssen daher zu dem Schluss kommen, dass das Beobachten eine Ratatouille aus den verschiedensten Elementen ist. Das Rezept für diese Ratatouille besteht aus intuitiven, emotionalen und rationalen Komponenten, mariniert in historischen Hintergründe und Erinnerungen, Umweltfaktoren und Stimmungen. Und das Ganze wird gewürzt mit philosophischen Ansichten und Charaktereigenschaften und serviert auf einem Bett aus genetischen Variationen.

Wenn alle Wahrnehmungen und Handlungen von einer Mischung aus bewussten und unbewussten Prozessen angetrieben werden, können wir dann überhaupt rational und objektiv beobachten?

Welchen Beitrag leistet unser freier Wille und existiert er tatsächlich? Über diese Frage streiten Widersacher unerbittlich miteinander. Es werden alle Arten von Argumenten ausgetauscht, aber sie halten sich in der Regel an ihre eigene Philosophie. Es gibt Bewegungen, die behaupten, dass der freie Wille eine Illusion ist und dass alle unsere Handlungen von unseren unbewussten Handlungen angetrieben werden, und die sich dabei auf alle Arten von neurowissenschaftlichen Studien stützen. Andere nähern sich dem Thema eher philosophisch und verweisen auf große Philosophen wie Immanuel Kant, der den freien Willen als Moralität beschreibt.

Die Neurowissenschaften haben einen Standpunkt. In einer Studie wurden Gehirnaktivitäten gemessen, bei denen der Proband einen Knopf drücken musste, wenn ein bestimmtes Bild erschien. Der Proband hatte zwei Knöpfe und konnte frei entscheiden, ob er den linken oder den rechten Knopf drückte. Im Gehirnscan konnte man im motorischen Kortex sehen, ob er den linken oder den rechten Arm steuerte. Schon lange vor dieser motorischen Aktivität gab es ein Signal im limbischen System und auch in einem Teil des präfrontalen Kortex. Dieses signalisierte, welche Wahl der Proband treffen würde. Das Unbewusste steuert also die bewusste Wahl.

Solche Daten lassen oft an der Existenz des freien Willens zweifeln, denn der freie Wille wird als eine rein objektive rationale Wahl gesehen, während das Unbewusste leicht verbannt wird. Betrachtet man jedoch den Menschen ein wenig ganzheitlicher als in diesem Beispiel, so wählt er immer noch selbst den linken oder rechten Knopf, aber andere unbewusste Gehirnteile sind ebenfalls beteiligt. Aus seinem einzigartigen, komplexen Zusammenspiel von Instinkten, Gefühlen und Gedanken, die mit seiner einzigartigen Genetik, Geschichte und seinen Charaktereigenschaften verflochten sind, wählt er selbst. Sobald der freie Wille auf einer Kombination all dieser Elemente basiert und nicht nur auf einem objektiven Verhältnis, gibt es genügend Raum für Kants Moral und Ethik. Einfach ausgedrückt, was ist der freie Wille von Vorstandsmitgliedern eines großen Unternehmens? Sie haben keine unabhängige Freiheit, aber sie können eine bestimmte Richtung wählen. Sie sind in gewissem Maße frei, diese Richtung zu wählen, und das ist vergleichbar mit Kants Ethik. Inwieweit sie in der Lage sind, diese Wahl zu treffen, hängt vom Handlungsspielraum ab, der das Ergebnis aller Aktivitäten und Leistungen des Unternehmens ist. Dies bestimmt nur, ob es möglich ist, ihre Wahl zu gestalten. Aber selbst wenn die Wahl nicht ausführbar ist, ist diese Wahl prinzipiell frei.

Wenn man den freien Willen als eine rationale und objektive Wahl beschreibt, bleibt davon nicht viel übrig. Aber wenn man den Menschen ganzheitlich betrachtet, sind die Ideen von Kant gar nicht so schlecht.

6

Die Stressreaktion

Jeder lebende Organismus steht in direktem Kontakt mit seiner Umgebung, die harmonisch und angenehm, aber auch bedrohlich und gefährlich sein kann. In beiden Fällen hat die Umgebung einen Einfluss auf diesen Organismus, auf seine Funktion und Reaktion. Im Fall einer negativen Auswirkung startet ein sehr komplexes Stresssystem, um die größtmögliche Überlebenschance zu schaffen.

Solche Stressreaktionen treten bereits in den ersten einzelligen Lebensformen auf. Um sich an die Gefahren von außen anzupassen, nutzt die Zelle ihre DNA anders. Gene werden ein- und ausgeschaltet, um sich gegen die neuen, ungünstigen Umstände zu verteidigen. Beispielsweise wird eine Gruppe von Genen, die für „Hitzeschockproteine" kodieren, zur Bewältigung extremer Bedingungen genutzt. Um zu verstehen, was diese Proteine tun, müssen wir in die Vergangenheit zurückgehen und erkennen, dass das Leben in sehr heißen oder sogar kochenden Ozeanen entstand, also unter sehr stressigen Bedingungen. Proteine sind sehr wichtige Bestandteile von lebenden Organismen, aber sie sind gegen hohe Temperaturen nicht widerstandsfähig. Wenn man ein Ei kocht, ist klar, dass daraus kein Küken mehr schlüpfen wird. Damit Proteine bei hohen Temperaturen funktionieren können, müssen sie verpackt werden, um ihre Form und Aktivität zu erhalten. Diese Verpackung und Unterstützung wird von einer Familie von Proteinen durchgeführt, die als „Hitzeschockproteine" bezeichnet werden. Sie bilden eine Art Korsett oder Rüstung zum Schutz der Proteine. Diese uralten Lebensformen, die von diesem Mechanismus abhängig sind, finden sich noch heute in heißen vulkanischen Quellen und Geysiren. Heutzutage leben wir jedoch unter weniger extremen Bedingungen, was bedeutet, dass Zellen nicht mehr auf diese

P. J. A. Capel, *Die emotionale DNA*, https://doi.org/10.1007/978-3-662-71831-5_6

Hitzeschockproteine angewiesen sind, aber wir haben sie immer noch gespeichert, für den Fall härterer Zeiten. Wenn diese harten Zeiten oder starker Stress aus der Umgebung eintreffen, werden diese Hitzeschockproteine erneut gebildet. Sie schützen nicht nur gegen hohe Temperaturen, sondern zum Beispiel auch gegen Säure oder Kälte, und sie spielen auch eine wichtige Rolle bei der Wundheilung.

Wir sehen also, dass die Umgebung die Nutzung der DNA verändern kann, aber dieser Prozess geht noch weiter. Zellen können während des Stresses DNA austauschen, um neue und bessere Genkombinationen zu erhalten, oder anders ausgedrückt, sie werden geschlechtlich. Wenn ein einzelliger Organismus, wie Hefe, in Schwierigkeiten ist, wird ein Gen, das die Fortpflanzung verursacht, eingeschaltet, um geschlechtlich zu werden. Durch den Austausch von DNA werden in diesen Hefezellen neue Kombinationen gebildet, die zusätzliche Möglichkeiten schaffen, um die Überlebenschance in der veränderten Umgebung zu erhöhen.

Wir können also sagen, dass die Umgebung einen direkten Einfluss auf die Nutzung der DNA hat.

Wenn wir von den Einzellern zu den höheren Organismen übergehen, bleibt der Einfluss von Stress auf die Nutzung der DNA bestehen, aber es gibt viele, sehr komplizierte Reaktionen. Der akute Stress aus der Umgebung ist eine wichtige Reaktion, um zu überleben oder sich an die neuen Umstände anzupassen. Obwohl akuter Stress schwerwiegend ist, ist diese Form selten schädlich, weil die Reaktion endet, wenn die Gefahr verschwindet, der Körper in seinen normalen Zustand zurückkehrt und mögliche Schäden schnell repariert werden.

Bei Menschen gibt es jedoch eine völlig andere Art von Stressor, nämlich negative Gedanken, Gefühle und Ängste. Diese Art von Stressor hat sehr große Auswirkungen, weil die Gedanken und Gefühle nicht nur auf die Gegenwart, sondern auch auf die Zukunft und die Vergangenheit gerichtet sind. Dadurch gibt es kein natürliches Ende der Stressperiode, was oft dazu führt, dass sie chronisch wird. Nicht nur die Sorge um morgen, sondern auch die Probleme der Vergangenheit sind bedeutend und deshalb kann ein Kindheitstrauma noch mehrere Jahre lang Auswirkungen haben, mit allen Konsequenzen.

Der Satz „ein bisschen Stress kann nicht schaden" ist durchaus richtig, solange es sich um akuten Stress handelt, aber chronischer Stress erweist sich als echter Killer. Das Stresssystem wird als neuroendokrines System beschrieben, oder als ein System, in dem Nerven und Hormone direkt zusammenarbeiten.

Ein Teil des Stresssystems beginnt im limbischen Bereich des Gehirns und wird durch die Zusammenarbeit des Hypothalamus, der Hypophyse und der

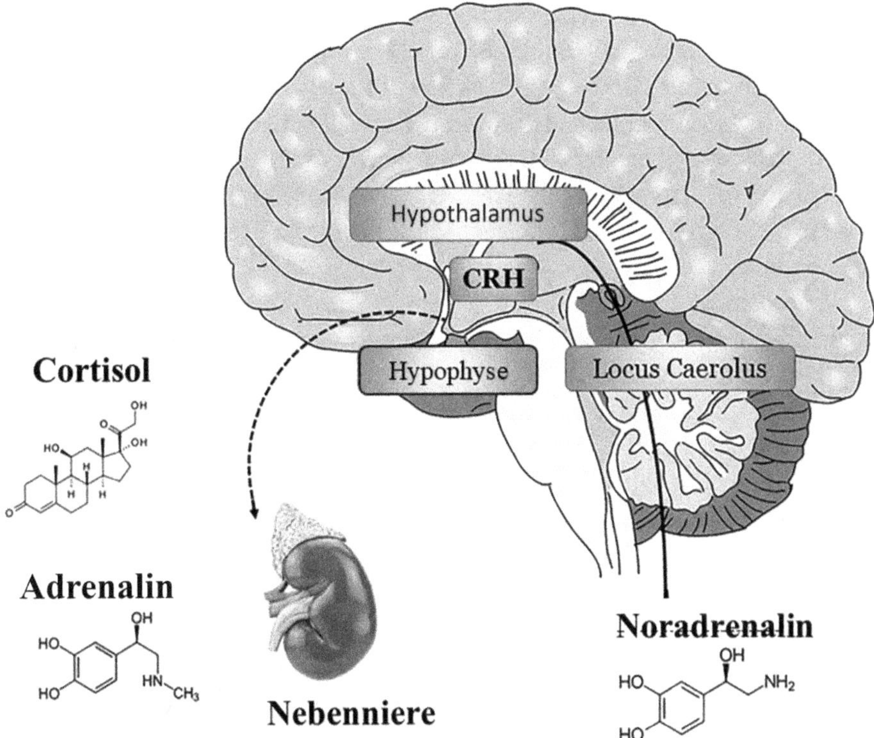

Abb. 6.1 Das Stresssystem

Nebenniere gebildet. Dies wird als HPA-Achse (engl. hypothalamic-pituitary-adrenal axis) bezeichnet, also Hypothalamus-Hypophysen-Nebennieren-Achse. Der andere Teil des Stresssystems wird vom Locus Caerulus gesteuert, einem Bestandteil des autonomen Nervensystems. Noradrenalin ist das wichtigste von diesem System produzierte Hormon (siehe Abb. 6.1).

Wir haben gesehen, wie komplex es ist, mit unseren Sinnen wahrzunehmen. Wenn irgendwo in diesem ganzen Prozess eine Bedrohung erkannt wird, wird ein spezieller Bereich im Hypothalamus aktiviert und die HPA-Achse startet. Im Hypothalamus wird das Hormon CRH gebildet, das direkt auf die Hypophyse wirkt. Die Hypophyse ist eine große Hormonfabrik und bei Stimulation werden verschiedene Hormone in den Blutkreislauf abgegeben. Unter der Vielzahl von Hormonen wird auch ACTH produziert. In der Nebenniere startet ACTH die Produktion des Hormons Cortisol und anderer Kortikosteroide. Die Nebenniere wird nicht nur über das Hormon ACTH aktiviert, sondern auch durch das sympathische Nervensystem. Die Nebenniere erhält einen Reiz über dieses Nervensystem, was direkt Adrenalin in den Blutkreislauf ausscheidet. Die während der Stressreaktion gebildeten Produkte aktivieren nicht nur eine große Anzahl von Funktionen im Körper, sondern hemmen auch die Stressreaktion. Dieses Feedbacksystem stellt sicher, dass die Reaktion reguliert bleibt und nicht völlig außer Kontrolle gerät.

Die Reaktion über diese HPA-Achse startet auch die Reaktion des autonomen Nervensystems im Bereich des Locus Caerulus. Von dort aus gehen alle Arten von Signalen durch den Körper und das Hormon Noradrenalin wird gebildet.

Die Stressreaktion wird also durch einen Stressor ausgelöst und über zwei Gehirnregionen werden alle Arten von Nerven aktiviert und eine Sammlung von Hormonen produziert. Aber was sind diese Stressoren und was sind die Auswirkungen dieser sehr komplexen Reaktion? Es ist fast unglaublich, wie breit das Spektrum der Stressoren ist. Eine gute Übersicht findet sich im Artikel von Chrousos [40]. Der Stressor ist eine sensorische Wahrnehmung und bestimmt, ob die Situation gefährlich ist und was die beste Reaktion wäre. Natürlich hat dies etwas mit früheren Erfahrungen zu tun. Wenn man einmal von einer schlechten Muschel krank wurde, ist es fast unmöglich, noch einmal Muscheln zu essen. Diese Erfahrung, die in Ihrem Gedächtnis gespeichert ist, wird sofort mit dem Anblick von Muscheln verbunden und dann beginnt die Stressreaktion. Aber das Wundersame ist, dass man nicht unbedingt eine vorherige Erfahrung gemacht haben muss. Angenommen, etwas ist sehr giftig oder sogar tödlich, dann würden Sie diese erste Erfahrung nicht überleben, also muss es etwas anderes geben, etwas Instinktives, denn wir sind immer noch am Leben. Es stellt sich heraus, dass in der Evolution die Erkennung von Gefahr an die nächste Generation weitergegeben wird, ohne dass diese Gefahr von dieser Generation selbst erlebt wurde. Dies ermöglicht es Tieren, intuitiv ihre natürlichen Feinde zu erkennen. Mäuse in einem Labor werden sehr gestresst, wenn sie den Geruch von Fuchs- oder Katzenurin riechen, obwohl sie noch nie mit diesen Tieren in Kontakt gekommen sind [41]. Es ist bemerkenswert, dass der Geruch von menschlichem Urin keine Stressreaktion auslöst, weil wir erst sehr kürzlich für sie gefährlich geworden sind, nämlich nach der Erfindung der Mausefalle. Neben der Wahrnehmung von Gefahr aus der Umgebung durch unsere Sinne können Stressoren auch von innen kommen, wie von Fehlfunktionen des Körpers oder Infektionen und Verletzungen. Zusätzlich zu diesem riesigen Spektrum gibt es auch psychologische Stressoren, wie schlechte Beziehungen, unangenehme Arbeitsbedingungen, chronische Geldprobleme usw. Negative Emotionen oder Gedanken starten die Stressreaktion auf die gleiche Weise wie die anderen Stressoren; sie trennen die Stressreaktion von der Realität der Gegenwart und erlauben es Traumata aus der Vergangenheit, ebenso wie Sorgen um die Zukunft, unser tägliches Funktionieren zu beeinflussen.

Obwohl die Stressreaktion dieselbe ist, besteht der große Unterschied darin, dass psychologische Stressoren weder einen klaren Anfang noch ein klares Ende haben. Dies verwandelt die akute Stressreaktion, die mit Gefahr beginnt, und endet, wenn die Gefahr vorüber ist, in eine chronische Reaktion mit all den Konsequenzen, die dies mit sich bringt.

Psychologische Stressoren verändern nicht nur das Hormongleichgewicht und Transkriptionsfaktoren, sondern wirken sich auch direkt auf das Gehirn selbst aus. Sowohl Traumata aus der Vergangenheit als auch direkter sozialer Stress haben einen starken Einfluss auf Veränderungen im Gehirn. Nervenzellen haben sehr viele Verzweigungen, mit denen sie ein komplexes Netzwerk mit anderen Zellen aufbauen. Während Stress, auch sozialem Stress, können diese Kontakte zwischen den Nervenzellen sich verändern, was bedeutet, dass sogar ganze Gehirnregionen sich in ihrer Größe verändern. Das Zentrum, in dem Angst und Schmerz lokalisiert sind, die Amygdala, wird größer. Der präfrontale Kortex, in dem emotionale Reaktionen ausgeglichen werden, wird kleiner [42].

Neben dieser großen Vielfalt an Stressoren gibt es auch solche, die an sich neutral sind und daher keine Reaktion hervorrufen, aber über emotionale Assoziationen eine Stressreaktion auslösen. Ein Beispiel dafür ist ein blinkendes Licht. Eine Gruppe allergischer Ratten kommt mit dem Allergen in Kontakt und hat eine allergische Reaktion. Die Gruppe wird zweigeteilt. Wenn bei einer Gruppe gleichzeitig ein blinkendes Licht eingeschaltet wird, wird bei diesen Tieren die allergische Reaktion mit diesem Licht assoziiert. Wenn Monate später nur ein blinkendes Licht eingeschaltet wird, reagiert die Hälfte der Ratten mit einer starken allergischen Reaktion, während die anderen Ratten, die diese Assoziation nicht haben, überhaupt nicht reagieren.

Welcher Stressor auch immer die Stressreaktion auslöst, so wird doch immer eine große Anzahl von Gehirnregionen aktiviert, ein enormes Netzwerk von Nervenbahnen sendet ein Signal aus und es wird ein Cocktail von Hormonen gebildet, der eine optimale Reaktion auslöst.

Aber wie groß ist der Effekt einer Stressreaktion? Die kurze Antwort lautet: enorm!

Ein gutes Beispiel ist die Wirkung von Cortisol, das in der Nebenniere produziert wird.

Cortisol wird aus Cholesterin hergestellt und hat zu verschiedenen Tageszeiten eine unterschiedliche Konzentration, die unseren Tag-Nacht-Rhythmus bestimmt. Cortisol ist an einer unglaublich großen Anzahl von Körperfunktionen beteiligt, einschließlich unseres Stoffwechsels, Immunsystems, der Fortpflanzung, des Wachstums, des Verhaltens und einer ganzen Reihe von lebenswichtigen Funktionen. Während Stress steigt die normale Cortisol-konzentration, die im Verlauf des 24-Stunden-Zeitraums variiert, an, was bedeutet, dass eine ganze Reihe von lebenswichtigen Funktionen sich verändern. Aber das ist noch nicht alles, denn wenn Cortisol an den Glukokortikoid-rezeptor bindet, wird es wirklich interessant. Die Kombination aus Cortisol und seinem Rezeptor ist ein Transkriptionsfaktor. Während die gängigen Transkriptionsfaktoren etwa 150 bis 200 Gene unter ihrer Kontrolle haben, steuert die Kombination aus Cortisol und Rezeptor etwa 20 % unserer Gene. Daher führt der Einfluss von Stress auf die Produktion von Cortisol allein zu einer enormen Veränderung in unserer Funktion.

Aber es gibt noch viel mehr als nur eine Veränderung in der Cortisolaktivität. Auf diese Weise werden während der Stressreaktion Adrenalin und Noradrenalin freigesetzt. Diese Stresshormone haben einen sehr breiten Wirkmechanismus und wirken sich direkt auf Atmung, Herzfrequenz, Blutdruck, Glukosestoffwechsel, Gerinnung, Pupillenerweiterung, Steigerung der Wachsamkeit usw. aus.

Die Gesamtmenge der verschiedenen Hormone, die gebildet werden, ist jedoch enorm. Während der Stressreaktion wird in der Hypophyse ein großes Protein namens POMC gebildet, das der Vorläufer für die Produktion einer Reihe von Hormonen und auch aller Arten von Endorphinen ist. All diese Hormone haben einen starken Einfluss auf unsere Funktion, einschließlich Fruchtbarkeit, Libido, Schmerz, Appetit und Stimmungen (siehe Abb. 6.2).

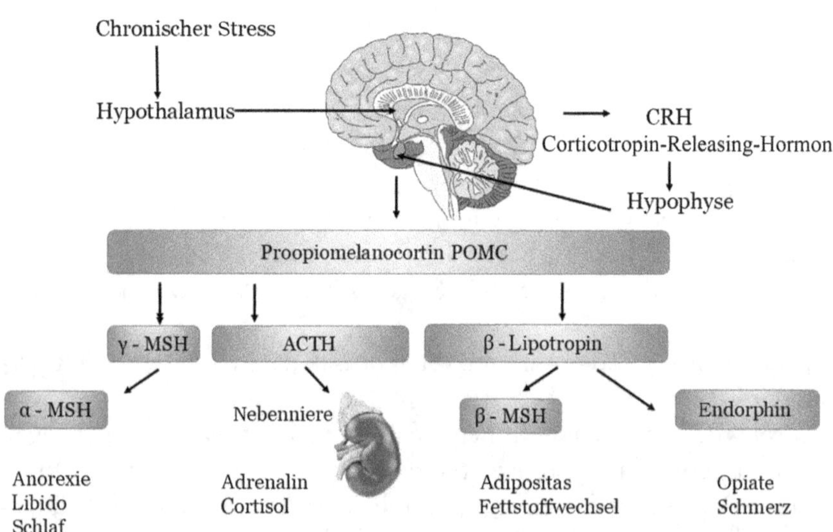

Abb. 6.2 Stresshormone, die von der Hypophyse produziert werden

Stress verändert unsere Funktion nicht nur durch Hormone und Nervenbahnen, sondern verändert auch die Aktivität vieler Transkriptionsfaktoren. Wie oben beschrieben, bildet Cortisol mit seinem Rezeptor einen Komplex, der zum Zellkern geht, um dort als Transkriptionsfaktor 20 % unserer Gene zu steuern. Ein weiterer wichtiger Faktor ist NF-κB. Dieser Transkriptionsfaktor hat Hunderte von Genen unter seiner Kontrolle und führt viele lebenswichtige Funktionen aus. Dazu gehören große Teile des Immunsystems, die dazu führen, dass Stress einen direkten Einfluss auf das Entzündungsprofil des Körpers hat und für den Verlauf einer großen Anzahl von Krankheiten verantwortlich ist. Bei Krebs hängen viele wesentliche Prozesse von NF-κB ab. Wenn eine Krebszelle metastasieren will, benötigt sie Adhäsionsmoleküle, um von einem Gewebe in ein anderes zu gelangen, und diese Moleküle stehen unter der Leitung von NF-κB. Inwieweit ein Tumor aggressiv wächst und ob er metastasiert oder nicht, wird daher teilweise durch NF-κB bestimmt. Dies bedeutet, dass es eine starke Beziehung zwischen Tumorentwicklung und Stress gibt, die wir in Kap. 17 diskutieren werden. Eine kleine Übersicht über die von NF-κB kontrollierten Gene ist in Abb. 6.3 dargestellt. Schlüsselgene, die am Zelltod beteiligt sind, ein Prozess, der als Apoptose bezeichnet wird, werden von NF-κB gesteuert, ebenso wie das Telomerase-Gen, das an der Zelllebensdauer beteiligt ist. Dies macht den Zusammenhang zwischen Lebenserwartung und Stress viel klarer; Stress hat einen enormen Einfluss auf viele wesentliche Prozesse.

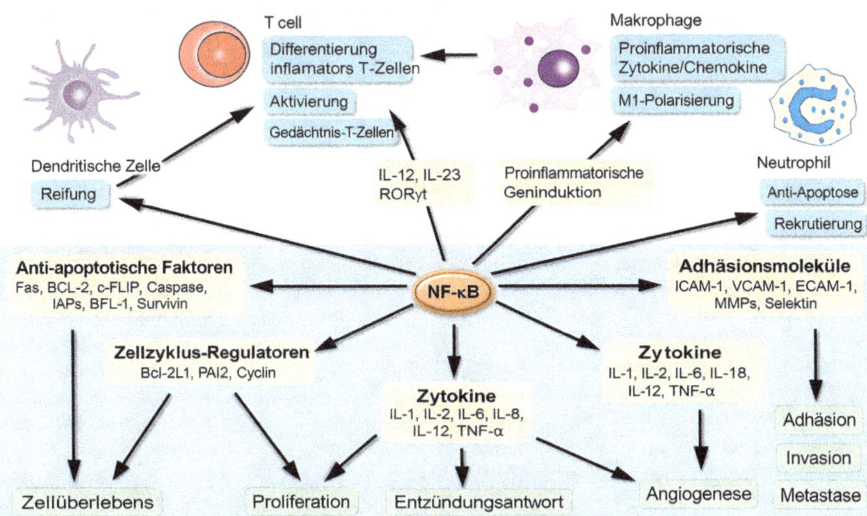

Abb. 6.3 NF-κB als Spinne im Netz der Kontrolle von Hunderten von Genen. (Aus Liu, T., Zhang, L., Joo, D. et al. NF-κB signaling in inflammation. Sig Transduct Target Ther **2**, 17023 (2017). https://doi.org/10.1038/sigtrans.2017.23 Abb. 1)

Neben der Aktivität von NF-κB und dem Cortisol-Rezeptor-Komplex gibt es andere Transkriptionsfaktoren, die durch Stress beeinflusst werden. Neben der Nutzung von Genen auf der DNA werden auch die an der Epigenetik beteiligten Enzyme durch Stress beeinflusst. Bei solchen epigenetischen Veränderungen in der DNA werden kleine chemische Gruppen an die DNA gekoppelt, was dazu führt, dass ein Gen lebenslang schlecht zugänglich ist, wenn überhaupt. Nun kommen wir dem Konzept der Erbsünde nahe. Die epigenetischen Blockaden können vererbt werden und können bis zu drei Generationen betreffen.

Lange Rede, kurzer Sinn: Stress verändert fast alles.

7

Die Wohlfühlreaktion

In Kap. 5 haben wir gesehen, wie komplex die Wahrnehmung ist. Der sensorische Reiz wird auf allen Ebenen verarbeitet und mit Erinnerungen und Umweltfaktoren kombiniert, was zu einer emotionalen Bewertung der bewussten Wahrnehmung führt. Diese Emotionen können stark variieren und auf einer Skala von angenehm bis ängstlich eingestuft werden. Die Position einer Emotion auf dieser Skala bestimmt, welche Gehirnregionen aktiviert werden, welche Hormone und Neurotransmitter gebildet werden und wie der Körper letztendlich auf sie reagiert.

Im Falle einer negativen oder gefährlichen Bewertung beginnt die Stressreaktion, mit all den damit verbundenen Gehirnaktivitäten, Hormonprofilen und Transkriptionsfaktoren, die zusammen sehr große Veränderungen in den Körperfunktionen verursachen. Aber bei positiven und angenehmen Erfahrungen wird ein ganzes Profil von Gehirnaktivitäten, Hormonen und Transkriptionsfaktoren aktiviert, die zusammen die ‚Wohlfühlreaktion' auslösen. Eine Reihe von Substanzen, die in dieser positiven Reaktion auf die Außenwelt wichtig sind, können sowohl als Neurotransmitter als auch als Hormon wirken. Die bekanntesten sind Oxytocin, Dopamin, Serotonin und Endorphine. Wenn man sich diese Stress- oder Wohlfühlreaktionen ansieht, sind sie sehr komplex und keineswegs einfache Reaktionen von A nach B und dann nach C. Alle emotionalen Reaktionen sind sehr nuanciert und können zwischen den Menschen stark variieren. Wo der eine heftig reagiert, bleibt der andere unberührt. Die Ursache für diese große Komplexität und Variation liegt in der Tatsache, dass diese Systeme bereits mehr als 600 Millionen Jahre alt sind und in allen Tierarten vorhanden sind. Dies hat zu einem alten biologischen System geführt, das in jedem Tier vorhanden ist und direkt auf die

P. J. A. Capel, *Die emotionale DNA*, https://doi.org/10.1007/978-3-662-71831-5_7

Außenwelt reagiert, wobei die Reaktionen jedes Tieres sehr unterschiedlich sein können. Im Laufe der Evolution sind die Hormone und Neurotransmitter, die an diesen Reaktionen auf die Außenwelt beteiligt sind, im Großen und Ganzen gleich geblieben, aber die endgültige Wirkung beim Plattwurm ist völlig anders als die beim bunten Specht. Da der Mensch das Produkt von Hunderten von Millionen Jahren Evolution ist, ist das Endprodukt eine komplizierte Sammlung von evolutionären Schritten. Ein wichtiger Aspekt der Evolution ist, dass eine einmal entwickelte Funktion auch für andere Zwecke genutzt wird, auch in einer anderen Form. Das gleiche Hormon hat daher bei verschiedenen Tieren eine Vielzahl von Eigenschaften. Dies bedeutet, dass eine Schwarz-Weiß-Beschreibung von Funktionen nicht möglich ist und mehrere, manchmal gegensätzliche Seiten einer Reaktion gleichzeitig betrachtet werden können.

Das Protein Oxytocin, auch als Kuschelhormon bezeichnet, ist ein sehr wichtiges Wohlfühlhormon. Es stammt von einem kleinen Protein aus neun Aminosäuren, das seit mehr als 600 Millionen Jahren in dieser Welt aktiv ist. Dieses Protein ist bereits in Quallen und Seesternen vorhanden, aber es wird einleuchten, dass es nicht das Kuschelverhalten bei diesen Tieren steuert, sondern andere Funktionen kontrolliert. Neben verschiedenen physiologischen Funktionen ist es auch an sozialem Verhalten und Sexualität beteiligt. Für Würmer spielt es eine wichtige Rolle bei der Anpassung an die Umwelt, indem es Lernprozesse steuert. Bei Eidechsen kontrolliert es das Paarungsverhalten. Aus diesem evolutionär alten Protein hat sich eine Säugetier-Aminosäure verändert und so wurde es zum heutigen Oxytocin. Bei Menschen spielt Oxytocin eine Rolle bei der Fortpflanzung, aber auch bei der Regulierung von Stressverhalten, dem Immunsystem, den Stoffwechselprozessen, dem Flüssigkeitshaushalt, dem sozialen Verhalten und Lernprozessen, und nicht zu vergessen in der Eltern-Kind-Beziehung und monogamen oder polygamen Partnerbeziehungen.

Der kleine Bruder von Oxytocin ist Vasopressin, das ebenfalls direkt aus dem gleichen alten Protein stammt, bei dem eine andere Aminosäure verändert wurde. Dies führte zum heutigen Vasopressin, das ebenfalls eine breite Palette von Funktionen hat. Oxytocin und Vasopressin können sowohl als Hormon als auch als Neurotransmitter wirken, was ihnen ermöglicht, viele verschiedene Prozesse zu steuern, von der Milchproduktion bis zur ehelichen Treue.

Schauen wir uns zunächst Oxytocin an, das im Hypothalamus gebildet und dann zur Hypophyse transportiert wird, damit es in den Blutkreislauf ausgestoßen werden kann. Unter anderem spielt es eine große Rolle bei der

Fortpflanzung. Es beginnt mit der Gesichtserkennung. Wenn Sie ein Gesicht angenehm oder attraktiv finden, wird sofort Oxytocin produziert, was zu einem Gefühl der Liebe führen kann. Im nächsten Schritt sorgt es für Orgasmen und eine Verbindung mit Ihrem Partner. Es ist auch sehr wichtig für die Schwangerschaft und während des Geburtsprozesses. Mütter, die gerade geboren haben, vergessen aufgrund der hohen Produktion von Oxytocin während dieses Prozesses schnell den Schmerz und die Qualen der Geburt und es sorgt auch für die Entwicklung einer tiefen, instinktiven Liebe der Eltern zu ihren Kindern. Dieses faszinierende Molekül kann nur wirken, wenn es an seinen Rezeptor bindet und dann Signale an die beteiligten Zellen übermittelt. Die endgültige Wirkung hängt nicht nur davon ab, wie viel Oxytocin gebildet wird, sondern auch davon, inwieweit die Rezeptoren darauf reagieren. Dies kann zu erstaunlichen Ergebnissen führen. Es gibt genetische Variationen in der Struktur der Rezeptoren für Oxytocin, die für das endgültige Ergebnis wichtig sind. Nicht nur in der Liebe und Sexualität spielt Oxytocin eine wichtige Rolle, sondern auch bei sozialen Fähigkeiten und bei der Integration in soziale Gruppen. Es ist daher nicht überraschend, dass ein Zusammenhang zwischen der Genetik der Oxytocinrezeptoren und dem sozialen Verhalten gefunden wird. Diese Rezeptoren müssen ein Signal an die Zellen übermitteln, auf denen sie sitzen, nachdem Oxytocin gebunden wurde, aber es gibt verschiedene Formen. Welche Form des Rezeptors jemand hat, ist genetisch bestimmt. Aufgrund dessen gibt es starke Unterschiede in der Reaktion auf Oxytocin, was dazu führt, dass Menschen unterschiedliches soziales Verhalten zeigen. Beispielsweise gibt es einen Zusammenhang zwischen dem Grad der Zuneigung und Fürsorge der Eltern für ihre neugeborenen Kinder und der Genetik der Rezeptoren [43]. Diese Unterschiede in der sozialen Funktion gehen jedoch weit über die Eltern-Kind-Beziehung hinaus.

Sie beeinflussen auch die Intensität von Freundschaftsverbindungen, die Stabilität von Ehebeziehungen, die Bildung von sozialen Netzwerken und Eigenschaften wie Empathie und Großzügigkeit.

Deshalb sehen wir einen Zusammenhang mit psychopathologischen Problemen wie Autismus, Depression, Schizophrenie und Borderline, wenn dieses System nicht richtig funktioniert. Nicht nur die Struktur der Rezeptoren ist wichtig, sondern auch die Menge und der Ort im Gehirn, an dem sie sich ausdrücken. Dies kann einen großen Einfluss auf die letztendliche Sozialfunktion haben.

Der kleine Bruder von Oxytocin ist Vasopressin, das ebenfalls stark am sozialen Verhalten beteiligt ist. Auch hier spielen Vasopressinrezeptoren eine wichtige Rolle im sozialen Funktionieren.

Da diese beiden Substanzen eine große Rolle in der Sexualität und Partnerbindung spielen, sind die Struktur und der Grad der Expression der beteiligten Rezeptoren sehr wichtig in diesen Prozessen. Einer der Aspekte von stabilen sexuellen Beziehungen ist der Grad der Monogamie.

In diesem Zusammenhang ist es schön, ein besonderes Tier kennenzulernen, die Wühlmaus oder besser gesagt zwei Wühlmäuse. Eine Wühlmaus lebt in der Prärie und die andere in den Bergen, und sie ähneln sich sehr, außer im monogamen Verhalten. Die männliche Präriewühlmaus hat ein monogames Verhalten, die Paare bleiben immer zusammen und zeigen rührend zärtliches Verhalten. Der in den Bergen lebende Neffe ist in vielerlei Hinsicht gleich, aber er ist ein Frauenheld und in Bezug eine Paarbeziehung völlig ungeeignet. Der Unterschied im sexuellen Verhalten zwischen diesen beiden Wühlmäusen liegt im Gehirn, nämlich in der Verteilung der Oxytocin- und Vasopressinrezeptoren. In verschiedenen Gehirnregionen im limbischen System, mit schönen lateinischen Namen, ist die Menge der Oxytocin- und Vasopressinrezeptoren unterschiedlich. Bei der monogamen Präriewühlmaus haben die beiden Rezeptoren in diesen spezifischen Bereichen eine höhere Expression als bei den Bergbewohnern. Mit den neuesten Techniken kann die Menge dieser Rezeptoren spezifisch verändert werden. Wenn der Vasopressinrezeptor in der betreffenden Gehirnregion bei der promiskuitiven Bergwühlmaus erhöht wird, wird dieser Frauenheld zu einem vorbildlichen Partner.

Wenn bei der monogamen Wühlmaus dieser Rezeptor blockiert wird, verschwindet das monogame Verhalten wie Schnee in der Sonne [44].

In vielen Kulturen wird Monogamie als das erwünschte Verhalten angesehen, und in einigen Kreisen wird das monogame Verhalten von Tieren, obwohl sehr außergewöhnlich, als Beispiel herangezogen. Diese Ehre wurde auch der Präriewühlmaus in streng religiösen, konservativen Kreisen in Amerika zuteil. Leider war diese Ehre nicht ganz gerechtfertigt. Es gibt einen Unterschied zwischen sozialer und sexueller Monogamie und unsere treuen Paare in der Prärie hatten unterschiedlichere DNA-Muster in ihrem Nachwuchs als man erwarten würde [45]. Die Weibchen paaren sich mit fremden Männchen, aber dies bleibt ausschließlich sexueller Natur, und unmittelbar danach jagen die Weibchen die Männchen aggressiv davon, um wieder eine freundliche, feste Beziehung mit ihren regulären Partnern aufzubauen. Es gibt also soziale Monogamie, etwas, das auch bei Vögeln üblich ist. Die Brut der Eier muss paarweise erfolgen, sonst verhungert das Weibchen im Nest. Eine Vaterschaftsstudie der sogenannten monogamen Vogelarten liefert ebenfalls erstaunliche Ergebnisse.

Oxytocin und Vasopressin sind daher sehr wichtig für die Paarbildung, aber für eine dauerhafte Beziehung ist noch etwas mehr zu tun. Die Liste der Wohlfühlhormone und der Neurotransmitter, Dopamin, Serotonin und Endorphin, nimmt ebenfalls einen großen Platz ein, wobei jede dieser Substanzen eine sehr breite Wirkungspalette hat. Neben Oxytocin und Vasopressin ist auch Dopamin für den Prozess der Paarbildung notwendig. Dopamin ist der führende Akteur im Belohnungssystem und ist verantwortlich für das Erleben von Vergnügen und Freude. Auch hier sprechen wir von einem evolutionär alten System, in dem in verschiedenen Gehirnregionen unterschiedliche Reaktionen stattfinden. Der gesamte Prozess der sozial-monogamen Partnerschaftsbildung ist eine schöne romantische Oper, in der neben den verschiedenen Protagonisten zwei Dopaminrezeptoren als Gegensätze umeinander tanzen. Wenn in diesem komplexen Libretto ein Paar gebildet wird, entsteht während der Paarung eine erhebliche Menge Dopamin. Dieser Dopaminschuss stärkt die Bindung zum Partner durch einen Dopaminrezeptortyp, während der andere Rezeptor die Partnerwahl hemmt.

Oxytocin hat nicht nur die Funktion, den Verlauf sozialer Interaktionen bei positiven und angenehmen Ereignissen zu beeinflussen, sondern auch viele andere Funktionen. Es ist an der Milchproduktion und essenziellen Prozessen während der Geburt beteiligt, es dämpft die Stressreaktion und hat eine wichtige Wechselwirkung mit dem Immunsystem.

Wenn sich das Immunsystem entwickelt, hat Oxytocin eine Reihe von wichtigen Funktionen, wie zum Beispiel beim Bereinigen von speziellen weißen Blutkörperchen im Thymus, die autoreaktiv sind, d. h. die sich gegen Bestandteile des eigenen Körpers richten und daher an Autoimmunerkrankungen beteiligt sein können. Nicht nur bei der Entwicklung des Immunsystems spielt Oxytocin eine Rolle, sondern auch in der Umsetzungsphase. Es steuert günstige entzündliche Prozesse und beeinflusst die Wundheilung. In Kap. 1 haben wir gesehen, dass die Wundheilung bei Ratten schneller verläuft, wenn man ihre Umgebung angenehmer gestaltet, indem man mehr Nistmaterial zur Verfügung stellt. Die darauffolgende Wohlfühlreaktion und der Anstieg von Oxytocin könnten eine gute Erklärung für diese verbesserte Wundheilung sein.

Eine positive Reaktion auf die Umgebung wird nicht nur durch Oxytocin gesteuert, sondern andere Substanzen wie Dopamin, Serotonin und viele weitere spielen ebenfalls eine Rolle. Eine schöne in dieser Reihe ist Anandamid, dessen Name aus dem Sanskrit stammt, wo Ananda Glück bedeutet. Dieser Neurotransmitter bindet an den Cannabinoidrezeptor, der ein angenehmes ‚High'-Gefühl vermitteln kann. Neben der eigenen Herstellung dieses Stoffes ist er auch in Schokolade enthalten, was den Hintergrund der bekannten

Schokoladensucht erklärt. Der Kakaobaum wird nicht umsonst Theobroma cacao genannt, was im Griechischen „Nahrung für die Götter" bedeutet. Dopamin und Serotonin sind seit Hunderten von Millionen Jahren in der gesamten Evolution vorhanden, ebenso wie Oxytocin und Vasopressin. Dadurch haben sie im Laufe der Zeit verschiedene Eigenschaften erworben, was ein sehr komplexes Netzwerk von Reaktionen schafft.

Serotonin ist teilweise ein bestimmender Faktor für die Funktion des Darms und spielt auch eine wichtige Rolle im Immunsystem. Es wird im Gehirn, in bestimmten Teilen des limbischen Systems, gebildet und bestimmt zusammen mit anderen Neurotransmittern unseren emotionalen Gemütszustand (siehe Abb. 7.1).

Dopamin wirkt auf verschiedenen Ebenen. Es ist an der Regulierung unserer motorischen Fähigkeiten beteiligt. Wenn es in diesem Prozess nicht gut funktioniert, führen gestörte motorische Fähigkeiten zur Parkinson-Krankheit. In einem bestimmten Teil des präfrontalen Kortex ist Dopamin an Motivation und emotionalen Reaktionen beteiligt, während es im Belohnungssystem der entscheidende Faktor bei der Reaktion auf Belohnung oder Bestrafung ist. Dopamin wird als Folge angenehmer Erfahrungen wie Essen, Trinken und Sex freigesetzt, und diese angenehmen Erfahrungen motivieren dazu, sie zu wiederholen. Wenn dieser Reiz sehr stark ist, kann er

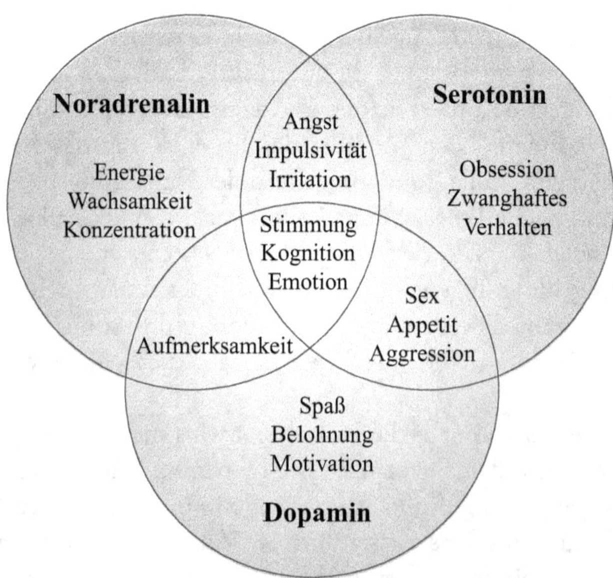

Abb. 7.1 Die Beziehung zwischen Noradrenalin – Serotonin – Dopamin in Bezug auf den emotionalen Gemütszustand

leicht zur Sucht führen. Auf diese Weise entsteht beispielsweise durch einen hohen Dopamin-Spike in bestimmten Gehirnregionen eine Spielsucht. Dieser Dopamin-Spike wird durch die Spannung verursacht, die man empfindet, kurz bevor klar ist, wo der Ball fallen wird oder welche Karte gezogen wird. Sobald man weiß, ob man gewonnen oder verloren hat, verschwinden sowohl die Spannung als auch der Dopamin-Spike. Gewinnen ist nicht die Motivation zum Spielen, sondern die Spannung kurz vor dem Ergebnis ist das süchtig machende Element. Jeder kennt diese Art von Spannung; obwohl man weiß, dass die Chance, den Preis in der Lotterie zu gewinnen, äußerst gering ist, fühlt man trotzdem diese hoffnungsvolle Spannung, wenn man seine Lotterienummer überprüft. Das Ergebnis lässt dieses Gefühl auf harte Weise verschwinden. Die Frage ist, was den Unterschied zwischen einer Spielsucht und dem einmaligen oder zweimaligen Ausprobieren ausmacht. Obwohl das Belohnungssystem in beiden Fällen arbeitet, wird bei den Süchtigen viel mehr Dopamin gebildet, was den Antrieb, diese Spannung wieder zu erleben, sehr groß macht, und dann ist die Sucht Realität.

Was ist die Relevanz unserer Reaktion auf die Außenwelt? Überwiegt die natürliche Stressreaktion, chronischer Stress oder die Wohlfühlreaktion? Und welche Konsequenzen hat dies für unsere Gesundheit? Bei all diesen Reaktionen treten komplexe Wechselwirkungen zwischen vielen Gehirnkreisläufen, endokrinen Systemen und Transkriptionsfaktoren auf, sogar bis hin zur Nutzung unserer Gene. Wenn diese Komplexität dann mit den individuellen genetischen Unterschieden verglichen wird, ist klar, dass die Beziehung zwischen Emotionen und Gesundheit, obwohl wir wissen, dass sie existiert, nicht eindeutig zu beschreiben ist. Es ist jedoch durchaus möglich, die Auswirkungen einer optimistischen oder pessimistischen Lebenseinstellung auf die Gesundheit zu untersuchen. Bei Optimisten wird das Gleichgewicht zwischen der Wohlfühlreaktion und der chronischen Stressreaktion positiver sein als bei Pessimisten. Es gab viele Studien in diesem Bereich und vor kurzem wurde eine Metaanalyse durchgeführt, die 132 Studien mit Zehntausenden von Menschen zusammenfasst. Das Ergebnis ist sehr klar: Optimismus hat einen günstigen Effekt auf das gesamte Spektrum der Gesundheitsversorgung, von der Lebenserwartung über Herz-Kreislauf-Erkrankungen, Immunfunktionen und Tumoren bis hin zu Schmerzen und Schwangerschaft [46]. Es ist also vorteilhaft, das Gleichgewicht von chronischem Stress in Richtung der Wohlfühlreaktion zu verschieben. Aber das ist leichter gesagt als getan. Wenn jemand in einer schwierigen Situation Bemerkungen hört wie: ‚Sehen Sie es etwas weniger pessimistisch‘ oder: ‚Betrachten Sie die helle Seite‘, ist das nicht nur verhängnisvoll, sondern auch sehr ärgerlich und es funktioniert überhaupt nicht.

Aber welche Möglichkeit gäbe es in diesem Fall?

Bei chronischem Stress gibt es immer eine besorgniserregende Situation, die als Stressor wirkt. Es spielt keine Rolle, ob das Problem, wie ein Kindheitstrauma, in der Vergangenheit liegt, ob es sich um ein akutes Problem in der Gegenwart handelt oder ob es aus Sorgen um die Zukunft entsteht. Der Stressor ist immer real, während das Problem nicht real sein muss, wie zum Beispiel eine unbegründete Angst.

Alles, was Sie tun können, um den Stressor zu reduzieren, ist vorteilhaft, aber in vielen Fällen ist dies nicht möglich. Wenn Sie also den Stressor nicht beseitigen können, können Sie sich darauf konzentrieren, seine Auswirkungen auf Ihre Gesundheit zu reduzieren. Und hier kommen Meditation, Sport und Yoga ins Spiel. Es scheint, dass diese Aktivitäten einen direkten Einfluss auf die Gehirnaktivität, die Hormonregulation und die Funktion von Transkriptionsfaktoren haben, mit einem messbaren, positiven Ergebnis.

Sie beseitigen den Stressor nicht, beeinflussen aber die negativen Auswirkungen auf unsere Gesundheit.

Deshalb werden wir uns diese Aktivitäten genauer ansehen.

8

Das Immunsystem und Emotionen

Es ist zur Gewohnheit geworden, über die Stärkung des Immunsystems zu sprechen, und wir sehen das als etwas Positives. Daher ist es nützlich, sich etwas tiefer mit dem Immunsystem zu befassen, um besser zu verstehen, was passiert, wenn das Immunsystem auf Hochtouren läuft. Wovon ist die Rede, wenn man von der Beeinflussung des Immunsystems spricht?

Das Immunsystem ist eine große Sammlung von Systemen, die zusammenarbeiten oder, in vielen Fällen, einander entgegenwirken. Eine Aussage wie „Damit stärken wir das Immunsystem" ist eigentlich sehr vereinfacht. Schaut man sich an, was das Immunsystem tun soll, wird schnell klar, dass es sich um eine sehr komplexe Welt handeln muss. Wenn Sie ein Virus bekämpfen wollen, das sich heimlich in einer Zelle versteckt hat, benötigen Sie ganz andere Werkzeuge als beispielsweise zur Bekämpfung eines Bandwurms. Im Falle einer Infektion werden Antikörper gebildet, die viele Jahre lang erhalten bleiben und bei einer neuen Infektion sofort reaktiviert werden können. Die Produktion eines Antikörpers dauert mehr als eine Woche und erst nach zwei Wochen ist das System richtig in Fahrt. Würde das Immunsystem jedoch nur mit Antikörpern arbeiten, wäre die Menschheit längst verschwunden. Ein Bakterium teilt sich etwa alle zwanzig Minuten. Nehmen wir einmal an, ein Bakterium tritt in in den Körper ein, dann gibt es nach einer Stunde acht Bakterien und nach zwei Stunden 64, das ist also nicht so schlimm. Aber nach 24 Stunden sind es 4.722.366.482.482.869.645.245.233.696 und einen Tag später ist es eine Zahl mit 40 Nullen, und am folgenden Tag ist es eine mit 65 Nullen. Nun können sich Bakterien angesichts der benötigten Nahrung und des benötigten Sauerstoffs nicht unbegrenzt teilen, aber wenn sie können, besäßen Sie nach einem Tag Tausende von Kilogramm dieser Zellen. Deshalb

P. J. A. Capel, *Die emotionale DNA*, https://doi.org/10.1007/978-3-662-71831-5_8

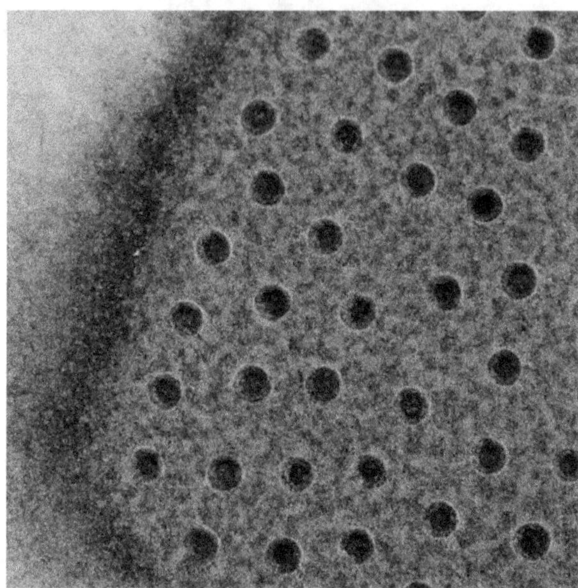

Abb. 8.1 Löcher in der Zellwand nach der Aktivität des Komplementsystems. (Generiert mit ChatGPT)

brauchen Sie eine sofortige Reaktion, die in Sekundenbruchteilen beginnen und auch sehr effektiv sein muss. Das ist das Komplementsystem, eine wunderbare Familie von Proteinen, die immer im Blut vorhanden sind und den Eindringling direkt angreifen und töten. Sie tun dies, indem sie Löcher in die Zellwand schlagen, wie in Abb. 8.1 gezeigt.

Abgesehen davon, dass dieses System selbst stark genug ist, um Eindringlinge zu töten, werden auch andere Teile des Immunsystems aktiviert. Sie sorgen dafür, dass nicht nur alle Arten von weißen Zellen aktiviert werden, sondern auch, dass der Ort, an dem die Entzündung vor sich geht, durch Öffnen der Blutgefäße dort zugänglicher wird. Neben dieser direkten Reaktion finden ständig neue Aktivitäten statt. Nach einer Stunde wird Interferon gebildet, aber Viren sind mit dieser Verbindung und allen Arten von anderen Proteinen, wie Zytokinen, nicht sehr glücklich. Sie steuern die Immunantworten, indem sie, je nachdem ob es Würmer, Parasiten, Pilze, Hefen, Bakterien oder Viren gibt, die benötigte Reaktion auswählen. Die Familie der weißen Blutkörperchen ist sehr umfangreich und besitzt große Unterschiede. Es gibt Zellen mit einer kurzen Lebensdauer, die eine breite Palette von Eindringlingen beseitigen können. Und es gibt Zellen, die ein ganzes Leben lang erhalten bleiben und sehr spezifisch auf einen Eindringling reagieren.

Da es so viele Mechanismen innerhalb des Immunsystems gibt, gibt es ein umfangreiches Kontrollsystem, das bestimmt, welche Abwehrform in welchem Teil des Körpers am besten ist. Wenn Sie eine Infektion haben, die gut gesäubert wird, aber am Ende des Tages Narbengewebe hinterlässt, wie ein Pickel, dann wird das auf Ihrem Arm kein Problem sein, aber an Ihren Augen führt eine solche Vorgehensweise zu Blindheit und im Gehirn zu Lähmungen. All diese Regulierung wird von spezialisierten Zellen durchgeführt, zusammen mit den Zytokinen, die eine hormonähnliche Wirkung haben.

Das Immunsystem kann viele Formen haben, abhängig von der Lage im Körper. Es kann jedoch auch schief gehen, wie bei der Autoimmunität, bei der der eigene Körper als fremd erkannt wird. Ein weiteres Problem ist, dass eine bestimmte, an sich gute Reaktion so verstärkt wird, dass sie zu stark ist und gesundes Gewebe schädigt.

Diese Komplexität an Zellen, Millionen von verschiedenen Antikörpern und großen Zahlen von Zytokinen ist direkt mit unserem Gehirn verbunden, was es Emotionen ermöglicht, das Immunsystem zu steuern und umgekehrt.

Diese Steuerung des Immunsystems durch das Gehirn erfolgt auf verschiedene Weisen. Eine davon ist das Starten von Reaktionen über Nervenbahnen. Ein schönes Beispiel dafür ist, dass bestimmte Zellen, die eine allergische Reaktion durchführen, mit dem Nervensystem verbunden sind.

Wenn eine Person mit Heuschnupfen eine windgepeitschte Wiese im Fernsehen sieht, beginnt sie zu husten und zu niesen, weil diese speziellen Zellen Histamin ausscheiden, genau wie bei Kontakt mit echten Graspollen. Das mag seltsam erscheinen, ist aber sehr nützlich, denn wenn man etwas sieht, auf das man allergisch ist, muss man schnell fliehen, bevor man in große Atemnot oder einen Schock gerät. Die Biologie kennt das Konzept des Fernsehens nicht und was gesehen wird, wird einfach als realistisch wahrgenommen. Dieses Prinzip funktioniert auch beim Betrachten von Fotos von Menschen mit ansteckenden Krankheiten. Ein bestimmter Teil des Immunsystems, nämlich die Produktion des Zytokins IL 6, wurde in nur zehn Minuten nach dem Betrachten dieser Fotos um 25 % erhöht. Dieser Prozess, der als „Vorbeugung ist besser als Heilung" charakterisiert werden kann, findet über das sympathische Nervensystem statt, das wiederum Verbindungen mit den lymphatischen Organen hat, die das Immunsystem regulieren [47].

Nicht nur die lymphatischen Organe, sondern auch das Knochenmark steht über das autonome Nervensystem in Kontakt mit dem Gehirn. Das Knochenmark ist die Quelle aller Blutzellen und bei Stress werden bestimmte weiße Blutzellen in großen Mengen produziert.

Ein zweiter Weg, auf dem das Immunsystem mit dem Gehirn in Kontakt steht, verläuft über die Hormone, die hauptsächlich in der Hypophyse und den Nebennieren gebildet werden. Diese Hormone wie Cortisol, Adrenalin und Noradrenalin haben einen sehr starken Einfluss auf die Funktion des Immunsystems. Darüber hinaus werden sowohl das sympathische Nervensystem als auch Hormone und Transkriptionsfaktoren aktiviert, einschließlich NF-κB, das für viele Funktionen innerhalb des Immunsystems verantwortlich ist.

Wir können sehen, dass das Immunsystem in einer Stressphase zu einem anderen Aktivitätsmuster wechselt, das über Nervenbahnen, Hormone und Transkriptionsfaktoren stattfindet. Während der natürlichen Reaktion auf Gefahr ist dieser Stress in Ordnung, denn ein hyperaktives Immunsystem kann besser mit möglichen Verletzungen und den damit verbundenen Infektionen umgehen. Aber im Falle von chronischem Stress ist ein solches überaktives Immunsystem schädlich und kann zu einer ganzen Reihe von Krankheiten führen. Bei negativen Emotionen und Gefühlen sind die Entzündungsprozesse stärker; aber warum ist das schlecht? Man könnte doch sagen: Je stärker das Immunsystem, desto besser. Das stimmt allerdings nicht, denn es gibt überall Gleichgewichte und Schwellenwerte, die alles in Balance halten. Nehmen Sie als Beispiel die Abwehr gegen ein Virus; Antikörper können sich an das Virus binden, wodurch dieses Virus geschickt beseitigt wird, aber Viren dringen immer in eine Zelle ein, um sich vermehren und dort bleiben zu können, und wenn sie einmal eingedrungen sind, können Antikörper nichts ausrichten. Nun gibt es virusspezifische weiße Blutkörperchen, die von außen auf sehr geniale Weise sehen können, ob ein Virus sich in einer Zelle versteckt hat. Diese weißen Blutkörperchen können dann die infizierte Wirtszelle töten und das Virus beseitigen. Aber leider bin ich selbst die Wirtszelle. Wenn beispielsweise ein Hepatitisvirus die Leber infiziert und in allen Zellen sitzt, mit dem Ergebnis, dass diese weißen Blutkörperchen alle virusinfizierten Zellen töten, hat man keine Leber mehr. Wenn man überleben will, muss man ein feines Gleichgewicht zwischen Angriff und Toleranz entwickeln. Das Immunsystem bestimmt die Grenzen der Toleranzzone. Viren, die sich ruhig verhalten, können an Ort und Stelle bleiben, aber wenn sie sich zu stark vermehren, wird diese spezielle Leberzelle getötet. Wenn innerhalb dieses Modells ein Gleichgewicht zwischen dem Töten von Zellen und der Akzeptanz eines bestimmten Grades an viraler Infektion erreicht wird, kann die Leber ordnungsgemäß funktionieren. Daher muss ein lebensfähiges Gleichgewicht gefunden werden.

Durch Stress wird die Aktivität des Immunsystems gesteigert, was den Schwellenwert dessen, was noch toleriert wird und was nicht, erhöht und dann gerät die Leber in arge Bedrängnis.

Durch Entspannung, zum Beispiel durch eine halbe Stunde Meditation pro Tag, kann man bereits genug getan haben, um diese Verschiebung der Toleranzschwelle wieder zurückzusetzen. Während der Meditation geht die Aktivität der beteiligten Zytokine (wie IL-6), Transkriptionsfaktoren (wie NF-κB) und Stresshormone (wie Cortisol usw.) wieder zurück. Die Stärke der Meditation in diesem Bereich wird durch viele Studien bestätigt, zu denen es eine gute Übersicht im Artikel von Muehsam et al. [48] gibt.

Aber was ist mit einer bakteriellen Infektion? Diese tritt normalerweise nicht in Zellen auf (außer bei Krankheiten wie Tuberkulose und Lepra), daher müssen wir unsere eigenen Zellen nicht töten. In diesem Fall ist es jedoch auch notwendig, sehr vorsichtig vorzugehen. An der Beseitigung von Bakterien sind andere weiße Blutkörperchen beteiligt. Sie absorbieren die Bakterien in ein spezielles Kompartiment dieser Zelle, wo sie sie mit Peroxid, Bleiche und allen Arten von aggressiven Enzymen angreifen; mit anderen Worten, mit allem, was normalerweise im Schrank unter der Spüle zu finden ist. Leider ist dieser Prozess nicht fehlerfrei, da diese aggressiven Substanzen auch in der Entzündungszone freigesetzt werden, wo sie ihr eigenes gesundes Gewebe töten. Auch hier ist ein Geben und Nehmen notwendig und es muss ein Gleichgewicht gefunden werden.

Bei Zuständen wie Rheuma hat die Entzündung irgendwie begonnen und verursacht Gewebeschäden. Das verletzte Gewebe produziert Zytokine, die entzündliche Zellen anziehen und aktivieren, welche wiederum Gewebeschäden verursachen. Und so schließt sich der Kreis, mit chronischen Entzündungen, die zu immer weitreichenderen Entzündungen führen.

Es ist daher nicht überraschend, dass die weitere Aktivierung dieses Prozesses durch Stress alles andere als vorteilhaft ist und dass tägliche Entspannung notwendig ist.

Der Zusammenhang zwischen Stress und Immunsystem gilt für alle Stressformen. Wenn Menschen beispielsweise aus ihrem sozialen Umfeld ausgeschlossen werden, verändert sich ihr Immunsystem und es tritt ein chronisch verändertes Entzündungsprofil auf. Eine der Folgen davon ist ein erhöhtes Risiko für Depressionen. Darüber hinaus nimmt die Anfälligkeit für stressbedingte Krankheiten zu, wovon es ziemlich viele gibt. Wenn jemand, der aus seiner sozialen Gruppe ausgeschlossen wurde, einen hohen Status hatte, ist dieser immunologische Schlag sogar noch schwerer als für jemanden mit einem niedrigen sozialen Status. Dies kann sogar Auswirkungen auf den Alterungsprozess haben [49]. Ein solch chronischer Anstieg der Entzündungsprofile sollte nicht unterschätzt werden. Er führt nicht nur zur Erhöhung der Krankheitsinzidenz, sondern spiegelt sich auch im Alterungsprozess und in der Lebenserwartung wider [50].

Die Wohlfühlreaktion hat den umgekehrten Effekt der Stressreaktion auf das Immunsystem. Diese Reaktion produziert Oxytocin, das einen starken Einfluss auf den Verlauf von Immunreaktionen auf mehreren Ebenen hat [51]. Oxytocin senkt entzündliche Mediatoren wie IL-6 und TNF-α, die durch Stress erhöht werden [52]. Oxytocin hat eine hemmende Wirkung auf die Entwicklung vieler verschiedener Arten von Tumoren. So hemmt Oxytocin beispielsweise das Fortschreiten und die Metastasierung von Eierstockkarzinomen, die einen Oxytocinrezeptor auf ihrer Oberfläche haben [53]. Da viele Tumoren diesen Oxytocinrezeptor haben, kann durch die Stimulation des Oxytocinsystems ein positiver Effekt auf den Verlauf der Tumorentwicklung erwartet werden.

Der Verlauf von Autoimmunerkrankungen kann auch durch die Aktivierung des Oxytocinsystems beeinflusst werden. Eine Verschiebung des Gleichgewichts zwischen entzündlichen und entzündungshemmenden Faktoren kann dazu führen, dass die autoreaktiven Zellen, die die Krankheit verursachen, gehemmt werden [54]. Bei einer außer Kontrolle geratenen Entzündungsreaktion können die Auswirkungen so dramatisch sein, dass ein lebensbedrohlicher, septischer Schock auftreten kann. Obwohl nicht viele Studien zur Wirkung von Körper-Geist-Therapien durchgeführt wurden, gibt es Hinweise darauf, dass Meditation die Produktion von Oxytocin anregt. Bei Krebspatienten wurde Oxytocin im Speichel gemessen; es wurde festgestellt, dass während einer Meditationsperiode eine Zunahme von Oxytocin zu beobachten ist. Diese Patienten hatten als Ergebnis weniger Schlafprobleme, aber ob diese Zunahme von Oxytocin auch andere therapeutische Effekte hatte, ist noch unbekannt [55].

Aus allen jüngsten Studien über die Wechselwirkungen des Hypothalamus-Oxytocin-Systems mit dem Immunsystem kann geschlossen werden, dass dies das Spiegelbild des Stresssystems ist. Und das ist wiederum einer der vielen Gründe, warum tägliche Entspannung, zum Beispiel durch Meditation, gar keine so verrückte Idee ist.

9

Meditation und ihre Biochemie

Es leben die Vorurteile! Wenn es einen Bereich gibt, in dem Vorurteile florieren, dann ist es die Meditation. Worauf basieren diese Vorurteile? Eine gemeinsame Eigenschaft der Menschen ist, dass sie gerne eine schlüssige Erklärung für ein Phänomen finden, das sie nicht vollständig verstehen können. In einer etwas komplexen Situation fehlt oft das Wissen, aber um eine Antwort zu bekommen, wird dieser Mangel durch spekulative Annahmen ergänzt. Je nach Vorurteil verlaufen diese selektiven Annahmen in eine positive oder negative Richtung. Auf diese Weise entsteht eine Trennung zwischen denen, die glauben, und denen, die nicht glauben. Je größer der spekulative Teil ist, desto fanatischer wird die gewählte Position verteidigt. Und wenn die Denkweise auch noch eine beträchtliche Dosis religiösen Inhalts enthält, kann eine solche Mischung leicht in Mord und Totschlag oder sogar Kriege ausarten.

Die Wissenskomponente einer Aussage hängt sehr stark von der Epoche ab, in der sie formuliert wird. Vor Maxwells Zeit existierte das Konzept der statischen Elektrizität nicht und das Phänomen eines Gewitters war so unverständlich, dass die Götter für eine Erklärung benötigt wurden. Wodan, mit seinem donnernden Wagen über den Wolken, im Kampf mit Thor um die Gunst der schönen Freya, erklärte Donner und Blitz vollständig. Unabhängig von der Qualität der hier angebotenen Erklärung verharmlost das nicht die tatsächliche Existenz von Gewittern.

Im Laufe der Jahrhunderte wurden Ideen über die Meditation formuliert. Es spielte keine Rolle, welche divergierenden spirituellen und transzendenten Geschichten über die Meditation erzählt wurden, solange man ihre tatsäch-

© Der/die Autor(en), exklusiv lizenziert an Springer-Verlag GmbH, DE, ein Teil von Springer Nature 2026
P. J. A. Capel, *Die emotionale DNA*, https://doi.org/10.1007/978-3-662-71831-5_9

liche Nützlichkeit betrachtete. Meditation hat für unzählige Menschen über Tausende von Jahren funktioniert, unabhängig von den Interpretationen, mit denen sie versehen wurden.

Neben all diesen unterschiedlichen Erklärungen gibt es biochemische und neurowissenschaftliche Perspektiven, um die Wirkung der Meditation zu verstehen. Diese wissenschaftlichen Ansätze liefern ein ansprechendes Bild, aber wir müssen uns darüber bewusst sein, dass unser Wissen in diesen Bereichen bei Weitem nicht vollständig ist. Der Ansatz bietet jedoch schöne Aussichten auf die Wirksamkeit der Meditation und ein lebhaftes Bild, ohne mühsame, weit hergeholte Vorstellungen.

Meditation kann als eine universelle Übung der Konzentration beschrieben werden, um den Körper zu entspannen und die Gedanken und Emotionen zu beruhigen, indem man sich auf das Hier und Jetzt konzentriert.

Wenn man sich all die Reaktionen ansieht, die im Körper durch diese 20 Minuten der Konzentration ohne Denken ausgelöst werden, kann man es kaum glauben. Wie ist es möglich, dass eine so einfache Sache ein so mächtiges Paket an Effekten erzeugen kann?

Legen Sie nun all Ihre Vorurteile beiseite und Sie werden erstaunt sein, wenn Sie bei dieser Achterbahnfahrt, die durch die Meditation ausgelöst wird, durch Ihren Körper rasen. Diese wilde Fahrt beginnt mit dem Gehirn, wo durch eine veränderte Blutzufuhr, aber auch als Folge der Produktion neuer Nervenzellen und der Entstehung neuer Verbindungen, viel verändert wird. Auch in der großen Hormonfabrik, der Hypophyse, passieren vielerlei Dinge. Alle Arten von Signalen werden vom Gehirn über Nervenbahnen ausgegeben, gleichzeitig werden Hormone ausgeschüttet und im Rest des Körpers verändert sich eine Menge. Diese Reihe von Veränderungen beinhaltet auch die Aktivitäten einer Anzahl wichtiger Transkriptionsfaktoren, als deren Folge, sogar auf der Ebene der Genexpression auf der DNA, die Effekte nachhallen.

Wenn Sie die Stressreaktion aus Kap. 6 betrachten, können Sie sehen, dass ein Stressor eine Kette von Reaktionen auslöst, die durch das Gehirn, die Hypophyse, den Nerventrakt, Hormone, Transkriptionsfaktoren und Genexpression verläuft. Auf diese Weise beeinflusst Stress viele Körperfunktionen. Und wenn dieser Stress chronisch wird, können diese Veränderungen zu allen Arten von Krankheiten führen.

Die gleiche Art von Reaktionskette tritt bei der Meditation auf, aber die Wirkung ist das Gegenteil der Stressreaktion. Daher kann man sagen, dass Meditation eine Anti-Stress-Reaktion ist. So ist zum Beispiel der Einfluss der Meditation auf das Immunsystem das Gegenteil der Wirkung von Stress auf dieses System. Als eine der vielen physiologischen Veränderungen kann man die Wirkung der Meditation auf den Blutfluss im Gehirn messen. Es gibt eine

Technik namens Single-Photon-Emissions-Computertomografie, die es Ihnen ermöglicht, direkt zu sehen, welche Gehirnbereiche während der Meditation aktiv sind.

Diese Studien zeigen, dass während der Meditation ein stark erhöhter Blutfluss im präfrontalen Kortex und in einer Reihe anderer Bereiche auftritt, während im parietalen Lappen der Blutfluss abnimmt (siehe Abb. 9.1). Aus diesen Studien geht hervor, dass die Meditation einen direkten Einfluss auf die Gehirnaktivität hat [56]. Der reduzierte Blutfluss im parietalen Lappen verdient etwas zusätzliche Aufmerksamkeit. In diesem Bereich sind das Erleben von Raum und Zeit und das Selbstbewusstsein lokalisiert. Meditation wird oft mit spirituellen und transzendenten Dingen in Verbindung gebracht. Eine Eigenschaft eines solchen spirituellen Gefühls ist, dass man sich stärker mit der Umgebung verbunden fühlt, ein starkes, fast zeitloses „Hier und Jetzt"-Gefühl erlebt und ein erweitertes Bewusstsein hat; als ob man eins mit seiner Umgebung oder sogar dem Universum wäre. Wenn man solche Gefühle in Gehirnfunktionen übersetzt, dann kann dieses räumliche, zeitlose Gefühl von einem weniger starken Raum-Zeit-Bewusstsein im parietalen Lappen kommen. Man erlebt eine starke Verbindung mit der Umgebung durch ein reduziertes Selbstbewusstsein, das auch im parietalen Lappen lokalisiert ist. Die Tatsache, dass der parietale Bereich eine tatsächliche Verbindung zu transzendenten und spirituellen Gefühlen hat, wird durch Studien von Pa-

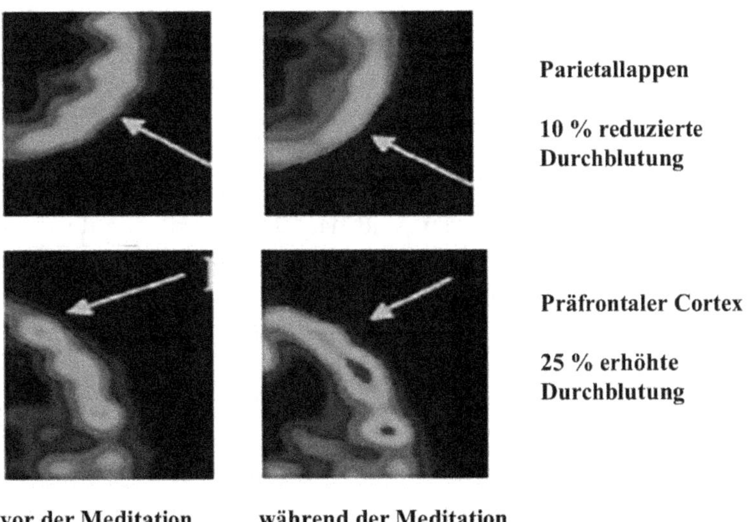

Abb. 9.1 Veränderungen des Blutflusses im Gehirn während der Meditation. Erhöhung im Frontallappen und Abnahme im Parietallappen. Frei nach A. Newberg et al. 2001

tienten mit einem bestimmten Gehirntumor belegt. Es gibt einen Test, bei dem die sogenannte Selbsttranszendenz gemessen wird. Der Score wurde bei Patienten vor und nach der Operation bestimmt. Der Tumor selbst und die nachfolgende Operation beeinflussten die Gehirnfunktionen des betroffenen Bereichs. Nur wenn der Tumor in einem speziellen Teil des parietalen Lappens angesiedelt war, änderte sich der Selbsttranszendenzscore. Abgesehen von diesem erhöhten Gefühl der spirituellen Verbindung wurden nach der Operation keine weiteren Veränderungen in der Persönlichkeit beobachtet [57]. Es ist eine interessante Spekulation, dass die verminderte Aktivität im parietalen Lappen, die während der Meditation gemessen wird, den spirituellen oder transzendenten Aspekt der Meditation erklärt. Dieser reduzierte Blutfluss führt zu einem verminderten Selbstbewusstsein und zusammen mit einem veränderten Raum-Zeit-Bewusstsein ist es nicht überraschend, eine spirituelle, zeitlose Verbindung mit der Umgebung zu erleben.

Neben der Blutzirkulation ändert sich noch viel mehr im Gehirn. Eine Eigenschaft von Nervenzellen ist, dass sie ein unglaublich ausgedehntes Netzwerk bilden, in dem die Kommunikation auf elektrischen Signalen und der Übertragung von chemischen Verbindungen, den sogenannten Neurotransmittern, basiert. Jede elektrische Aktivität erzeugt ein elektromagnetisches Feld und auf diese Weise ist es möglich, die Gehirnaktivität zu bestimmen, nämlich durch die Messung von Veränderungen in diesen elektromagnetischen Feldern. Die Technik, die zu diesem Zweck verwendet wird, ist sehr alt und wird Elektroenzephalogramm genannt, besser bekannt unter der Abkürzung EEG. In einem EEG sieht man Gehirnwellen unterschiedlicher Frequenzen, die niedrigen Frequenzwellen gehören zu einem Schlafzustand und die höheren zeigen Aktivitäten wie Gedanken oder intensive geistige Tätigkeiten. Während der Meditation sieht man starke Veränderungen im Bereich der Hochfrequenzwellen. Diese Veränderungen treten sofort auf und bei jenen, die regelmäßig meditieren, sind dauerhafte Veränderungen zu sehen [58]. Neben diesen elektrischen Aktivitäten gibt es auch Veränderungen bei Neurotransmittern wie Serotonin und Dopamin und einer Anzahl anderer wichtiger Moleküle, die eng mit unseren Gefühlen verbunden sind. Alle Arten von Hormonprofilen ändern sich und es findet eine Abnahme im Bereich der Stresshormone statt, während die Wohlfühlreaktion zunimmt. In Kap. 10 werden wir auf die Bedeutung eingehen, die dadurch für unser emotionales Leben erzeugt wird.

Meditation hat nicht nur einen starken Einfluss auf die Blutzirkulation und die elektrische und chemische Aktivität des Gehirns, sondern auch auf die Neuroplastizität. Die alte Vorstellung, dass, sobald das Gehirn vollständig entwickelt ist, keine neuen Gehirnzellen mehr hinzugefügt werden, sondern nur verschwinden, ist nicht korrekt. Auch im späteren Alter werden neue Nervenzellen und neue Verbindungen im Netzwerk gebildet. Diese aktive Gehirnveränderung wird als Neuroplastizität bezeichnet. Mehrere Gehirnregionen zeigen bei längerer Meditation strukturelle Veränderungen [59]. Bei längerer Meditation wird eine Zunahme der grauen Substanz beobachtet, die hauptsächlich aus den Zellkörpern der Nerven besteht, einschließlich des Frontalkortex und des Hippocampus. Angesichts der Funktionen dieser Bereiche kann die Zunahme der Anzahl der Nervenzellen zu größerer emotionaler Stabilität und ausgewogeneren emotionalen Entscheidungen führen. Es wurde auch gezeigt, dass sich während häufiger Meditation Strukturen im Nucleus caudatus verändern. Dieser Gehirnbereich hat eine Reihe von Funktionen und ist sehr wichtig für die Verbindung von Gehirnregionen. Im Volksmund ist der Nucleus caudatus wie eine Spinne im Netz. Diese Konnektivität nimmt sowohl beim Yoga als auch bei der Meditation stark zu und umfasst 115 verschiedene Gehirnregionen [60]. Diese Tätigkeiten haben auch einen sehr wichtigen Einfluss auf die Aktivität von Transkriptionsfaktoren und damit auf die Nutzung der DNA. Bei Stress ändern sich die Aktivitäten mehrerer Transkriptionsfaktoren, wodurch viele lebenswichtige Funktionen in einen anderen Zustand wechseln. Bei Meditation, ob kombiniert mit Yoga oder nicht, treten solche Veränderungen ebenfalls auf, aber in die entgegengesetzte Richtung. NF-κB ist einer dieser Faktoren, der unter anderem das Immunsystem steuert und bei Stress ansteigt und während der Meditation abnimmt. Acht Wochen lang zwölf Minuten am Tag zu meditieren war ausreichend, um umgekehrte Muster von Transkriptionsfaktoren zu erreichen [61]. Dieses veränderte Muster beeinflusst nicht nur das Immunsystem, es wirkt sich auch auf andere Systeme aus, auf die wir in Kap. 10 zurückkommen werden. Die letztendliche Nutzung unserer Gene wird nicht nur durch Transkriptionsfaktoren bestimmt, sondern auch durch epigenetische Prozesse, bei denen Gene blockiert oder freigeschaltet werden können. Meditation hat einen Einfluss auf diese äußerst wichtigen Prozesse. Viele Enzyme, die diesen Prozess steuern, ändern ihre Aktivität schnell und Meditation hat einen besonders günstigen Effekt auf die Beseitigung der durch Stress verursachten epigenetischen Genblockaden. Nicht nur auf DNA-Ebene ist Meditation das Gegenstück zu Stress, sondern auch im Erholungsprozess nach Stress, da Stresshormone und entzündliche Profile aktiv reduziert werden [62]. Es ist erstaunlich, dass diese an sich einfachen Konzentrationsübungen, zusammen mit dem aktiven Nicht-Denken für einen Moment, so stark wirken; nicht nur auf das Gehirn und Hormonhaushalte, sondern auch auf die

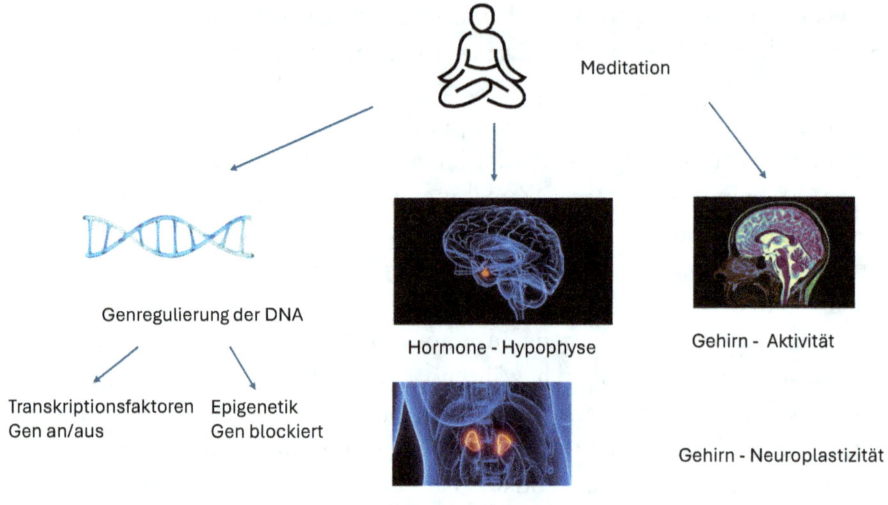

Abb. 9.2 Einfluss der Meditation auf Gehirn, Hormone und die Nutzung von Genen. (Bilder: Getty Images)

Nutzung von Genen auf der DNA (siehe Abb. 9.2). Diese Effekte haben nicht nur eine direkte Wirkung, sondern verursachen auch dauerhafte, vorteilhafte Veränderungen.

10

Was macht Meditation so mächtig?

Meditation wirkt, wie wir gesehen haben, über unser Gehirn auf Hormonhaushalte und letztendlich auf die Genregulation. Gene können auf verschiedene Weisen reguliert werden, indem die Aktivität von Transkriptionsfaktoren verändert wird, was dazu führt, dass ein Gen ein- oder ausgeschaltet wird, oder indem epigenetische Enzyme beeinflusst werden, die an der Blockierung oder Freigabe von Genen beteiligt sind.

Aber wie groß ist der letztendliche Effekt all dieser Veränderungen?

Die kurze Antwort lautet: sehr groß.

Im Rahmen allerlei neuerer Forschungen stellt sich immer mehr heraus, dass Meditation als eine Anti-Stress-Reaktion angesehen werden kann, wodurch sie unser Leben auf vielen Ebenen beeinflussen kann. Betrachten wir als Beispiel einen wichtigen Transkriptionsfaktor namens NF-κB. NF-κB reguliert Hunderte von Genen, einschließlich derer, die an der Stressreaktion, dem Immunsystem, dem Zellwachstum, dem Zelltod und vielen anderen Bereichen beteiligt sind. Dieser Faktor ist sehr wichtig und es ist deutlich sichtbar, dass Stress seine Aktivität erhöht. Wenn diese Zunahme von kurzer Dauer ist, kann sie lebensrettend sein, aber im Falle von chronischem Stress, der dazu führt, dass diese Aktivität dauerhaft erhöht wird, wird sie zur Ursache vieler Probleme, insbesondere aufgrund des überaktiven Immunsystems. Viele der durch Stress induzierten Krankheiten hängen mit der Zunahme des entzündlichen Profils zusammen und das macht die Wiederherstellung des Immunsystemgleichgewichts äußerst wichtig. Meditation ist ein hervorragendes Werkzeug dafür, weil sie die Aktivität von NF-κB reduzieren kann [61].

P. J. A. Capel, *Die emotionale DNA*, https://doi.org/10.1007/978-3-662-71831-5_10

Meditation und Lebenserwartung

Wie können Sie sich vorstellen, dass Meditation einen direkten Einfluss auf das Altern und die Lebenserwartung hat?

Eine wichtige Komponente des Alterns ist die Länge der Telomere in den Zellen. Telomere sind die Enden von Chromosomen und dieses letzte Stück DNA enthält einen spezifischen Code, der benötigt wird, um die Verdopplung der DNA in der Zellteilung zu starten. Telomere sind eine Art Schutzkappen, ähnlich dem Plastikende eines Schnürsenkels. Der Proteinkomplex, der die DNA wie ein Kopierer verdoppelt, bindet an den spezifischen Code am Ende des Telomers und beginnt seine Arbeit von dort aus. Es kann jedoch das Stück DNA, an das es gebunden ist, nicht kopieren, weil das Protein selbst es blockiert. Es gibt 40 Kopien dieses Codes auf diesem terminalen Teil des Chromosoms.

Jedes Mal, wenn eine Zelle geteilt wird, wird das Telomer ein wenig kürzer und nach 40 Mal ist es erschöpft, sodass eine Zelle sich dann nicht mehr teilen kann und stirbt. Viele Zellen im Körper müssen sich mehr als 40 Mal teilen, weil es in diesen Zellen ein aktives Enzym gibt, das am Ende des Telomers den Code zurücksetzt. Dieses Enzym heißt Telomerase und solange die Telomerase aktiv ist, kann die Zelle leben. Aktivitäten dieses Enzyms werden durch Stress gehemmt, was das Altern verursacht. Für die Untersuchung dieses gesamten Mechanismus der Telomerase sowie den Einfluss von Stress darauf wurden Elisabeth Blackburn, Carol Greider und Jack Szostack 2009 mit dem Nobelpreis für Medizin ausgezeichnet [63]. Als einmal klar war, dass Stress das Altern induziert, indem er die Telomere verkürzt, wurde es verlockend, den Effekt von Antistress auf die Verlängerung der Telomere zu untersuchen. Drei Monate tägliche Meditation, in Form von Achtsamkeit, führten zu signifikant längeren Telomeren, was zeigt, dass Meditation einen Einfluss auf das Altern hat [64]. Der Effekt eines gesunden Lebensstils auf die Telomerlänge und die Telomeraseaktivität wurde auch in einer fünfjährigen Nachbeobachtungsstudie bei Prostatakrebspatienten untersucht. Dieser Lebensstil bestand aus einer Kombination von gesunder Ernährung, Sport, Meditation und sozialen Aktivitäten. In der Kontrollgruppe wurde nach fünf Jahren eine kürzere Telomerlänge gemessen, weil diese Gruppe fünf Jahre älter geworden war. Aber in der Gruppe mit dem positiven Lebensstil war das Gegenteil passiert. Die Telomere waren länger als fünf Jahre zuvor, sodass wir von einem Verjüngungsprozess sprechen können [65]. All diese Studien zeigen, dass sowohl Stress als auch das Gegenteil, in Form von Lebensstil und Meditation, durch den Mechanismus der Telomerase einen direkten Einfluss auf das Altern und auf Krankheiten haben [66]. Eine andere Möglichkeit, den Effekt des Lebensstils zu betrachten, besteht in der Analyse des Lebens von Hundertjährigen. Es gibt Dörfer wie Acciaroli im Südwesten Italiens, wo mehr als einer von zehn Einwohnern über 100 Jahre alt ist. Der Gedanke an den Beitrag der mediterranen Ernährung liegt dabei nah. Diese Ernährung besteht sicherlich aus gutem Essen, aber auch die Siesta ist ein wichtiger Teil davon. Darüber hinaus ist die soziale Harmonie sehr hoch und es gibt wenig Stress in solchen Gemeinschaften. Jeder bleibt aktiv und trägt auf seine eigene Weise zur Gemeinschaft bei. Es ist auch auffällig, dass die älteren Menschen sexuell aktiv bleiben. Kurz gesagt, es gibt viel Lebensfreude.

Meditation und Darmfunktionen

Neben dem Einfluss auf das Immunsystem und das Altern gibt es viele andere Bereiche, in denen Meditation aktiv wirkt und sehr wichtig ist, zum Beispiel in der Beziehung zwischen dem Darm, der Darmflora und dem Gehirn.

In unserem Darm befinden sich etwa 10^{14} Bakterien. Das ist ziemlich viel, zehnmal mehr als unsere eigenen Zellen mit einem Gewicht von zwei Kilogramm. Die gesamte bakterielle DNA in unserem Körper ist 150 Mal umfangreicher als unsere eigene DNA. Wären wir ein demokratischer Organismus, basierend auf dem Prinzip „die meisten Stimmen zählen", wären wir nichts weiter als ein kompliziertes Paket unserer Mikroflora. Wir sollten jedoch die Bedeutung unserer mikrobiellen Bewohner nicht unterschätzen, denn diese ist enorm. Sie sind verantwortlich für einen großen Teil unserer Verdauung. Nährstoffe, die wir nicht verdauen können, werden für uns ordentlich abgebaut; alle Arten von Wachstumsfaktoren werden für uns produziert, einschließlich Neurotransmitter wie Serotonin und Dopamin. Diese Wachstumsfaktoren sind äußerst wichtig für den Tryptophanstoffwechsel. Tryptophan ist eine essenzielle Aminosäure, die wir nicht selbst herstellen können und daher müssen wir sie aus unserer Ernährung beziehen. Neben der Funktion als essenzielle Aminosäure ist Tryptophan auch der Rohstoff für eine Vielzahl wichtiger Substanzen, einschließlich des Neurotransmitters Serotonin. Unsere Darmflora hat auch einen direkten Einfluss auf das Immunsystem, indem sie die Produktion von Zytokinen verändert, die Entzündungen verstärken oder hemmen. Ein weiterer Effekt der Darmbakterien besteht darin, dass sie die Darmwand stärken und uns vor Infektionen schützen, indem sie unter anderem schwierige Eindringlinge sofort bekämpfen. Aber diese kleinen Freunde haben ihre Wirkung nicht nur im Darmsystem, sie beeinflussen direkt unser Gehirn und damit unser Verhalten und unsere

Stimmungen. Diese Darm-Hirn-Verbindung funktioniert auch in die andere Richtung. Stress hat einen direkten Einfluss auf die Darmflora, bei dem das Verhältnis der etwa 7000 verschiedenen Bakterienstämme auf negative Weise verschoben wird. Autismus zeigt auch einen signifikanten Unterschied in der Darmflora [67]. Depression kann die Darmflora verändern, aber das Gegenteil tritt auch auf; wenn die Darmflora schlecht ist, kann dadurch eine Depression verursacht werden [68].

Wie ist es möglich, dass Ihre Darmflora einen so direkten Einfluss auf Ihre Gefühle wie Angst und Depression hat und dass das sogar eine Verbindung zu Autismus haben kann?

Wenn man bedenkt, dass viele Neurotransmitter oder die Rohstoffe dafür aus der Darmmikroflora stammen, wird diese Verbindung etwas weniger seltsam, und es ist verständlich, dass diese Substanzen direkt auf unsere Funktionsfähigkeit wirken. Außerdem sind die Darmbakterien größtenteils verantwortlich für die Produktion einer ganzen Reihe von Fettsäuren, die direkt für die Entwicklung von Nerven notwendig sind. Ein sehr wichtiger Wachstums- und Erhaltungsfaktor für Nerven (BDNF) wird auch von der Darmflora produziert [69].

Der Darm mit seinen 200 Millionen Nervenzellen, all seinen Neurotransmittern und all den anderen für die Nerven wichtigen Substanzen wird nicht umsonst unser zweites Gehirn genannt. Die Beziehung zwischen dem Gehirn und der Darmflora ist sehr eng, was deutlich macht, dass Stimmungen und Verhalten die Zusammensetzung der Mikroflora beeinflussen. Und das Gegenteil stimmt auch: Depressionen und Ängste können aus einer fehlerhaften Darmflora resultieren [70].

Die Beziehung zwischen Stress und Darmflora ist ein sehr gut erforschtes Gebiet und mit jeder Studie wird diese Beziehung deutlicher und wichtiger. Zusammen mit der Beziehung zwischen Stress und dem Immunsystem, und der Beziehung zwischen Stress und dem autonomen Nervensystem on top, ist leicht nachvollziehbar, dass das Reizdarmsyndrom nicht nur ein Problem im Darm selbst ist, sondern dass auch Stress, Angst und ähnliche Emotionen eine wichtige Rolle dabei spielen.

Wenn Stress so störend für die Darmflora und die Darmfunktion ist, was ist dann die Alternative dazu?

Studien über die Auswirkungen des Lebensstils in Form von Achtsamkeit, Sport und einer besseren Ernährung beginnen nun Form anzunehmen. Nach der Messung von 55 Arten von Bakterien in der Darmflora konnte man nach drei Wochen Achtsamkeit große Unterschiede beobachten. Einige Bakterienstämme sind dann stärker präsent, während andere abnehmen. Es stellt sich heraus, dass eine solche Lebensstiländerung nicht nur einen positiven Effekt auf die Darmflora hat, sondern dass bei der Behandlung von Angststörungen die Veränderung der Darmflora auch einen positiven Effekt auf den Verlauf dieser Krankheit hat [71].

Die Kraft der Meditation

Wir haben die Auswirkung der Meditation, ob kombiniert mit Sport und Yoga oder nicht, auf die Stressreaktion, das Immunsystem, das Altern, die Darmfunktion und die Darmflora sowie auf strukturelle Veränderungen im Gehirn gesehen. Diese Veränderungen können in verschiedenen Gehirnregionen gemessen werden. Abb. 10.1 zeigt die Bereiche, in denen strukturelle günstige Veränderungen auftreten, wenn regelmäßig meditiert wird [72].

Regelmäßige Meditation hat auch Auswirkungen auf eine Reihe anderer Bereiche. Sie nimmt Einfluss auf den Verlauf einer Depression [73], einer Sucht [74], eines posttraumatischen Stresssyndroms [75] und auf das Schmerzmanagement [76]. Es ist daher offensichtlich, dass wir die Meditation nicht unterschätzen sollten. Einen guten Überblick über die Effekte der Meditation gibt Creswells Veröffentlichung im Jahr 2017 [77]. All diese verschiedenen Studien demonstrieren die wahre biochemische Wirkung der Meditation und widerlegen alle Vorurteile wie: „Meditation ist nur eine vage, mystische Aktivität".

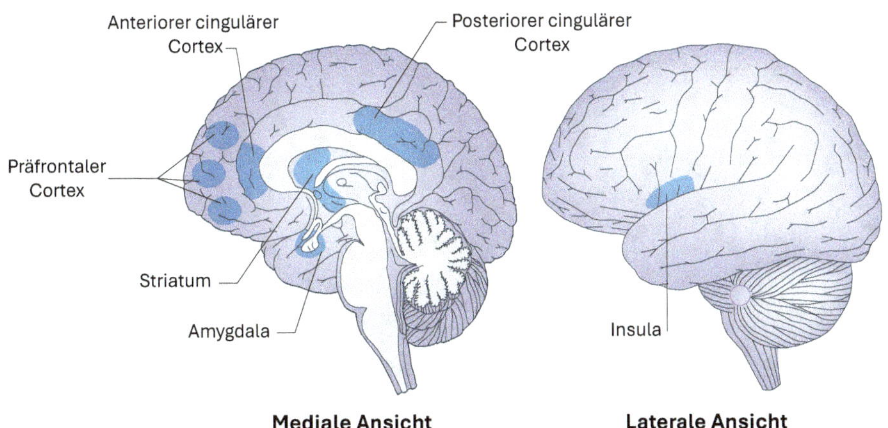

Abb. 10.1 Funktionale Veränderungen im Gehirn durch Meditation laut Tang [72]

11

Sport und Yoga

Sport ist gesund! Diese Aussage ist durchaus korrekt, aber was macht Sport so gesund?

Die Erklärung liegt darin, dass Muskeln viel mehr tun als nur für die Bewegung zu sorgen. Muskeln nutzen einen schönen Mechanismus, bei dem sich ein Motorprotein (Myosin) in den Muskelzellen bewegt, sich an einem Aktinkabel entlang zieht, wodurch diese Ketten zusammengeschoben werden, sodass die Muskelzelle kürzer wird. Dieser Prozess kostet Energie und diese Energie wird in Muskelkraft umgewandelt.

Muskeln sind auch endokrine Organe, d. h. sie produzieren und sezernieren Hormone. Die Hormone, die vom Muskel gebildet werden, werden Myokine genannt. Aber bevor wir auf die Eigenschaften dieser schönen Komponenten eingehen, wandeln wir das Prinzip „körperliche Bewegung ist gesund" in „Nichtbewegung ist ungesund" um. Ist das tatsächlich der Fall?

Bewegung und Fitness sind gut, aber ist es wirklich ein Muss? Was ist falsch daran, auf der Couch zu faulenzen? Es ist richtig, dass nichts falsch daran ist, sich eine Weile hinzusetzen, aber es geht um das Verhältnis zwischen Bewegung und Nichtbewegung. Bei einem überwiegend sitzenden Dasein mit sehr wenig Bewegung läuft etwas schief. Dieser Lebensstil ist ein Risikofaktor für alle Arten von chronischen Krankheiten und neben der Beeinträchtigung der Lebensqualität hat er auch Auswirkungen auf die Lebenserwartung. Es ist wie beim Rauchen. Rauchen erhöht das Risiko für Lungenkrebs, aber es ist nicht so, dass jeder Raucher, per Definition, Lungenkrebs bekommt.

© Der/die Autor(en), exklusiv lizenziert an Springer-Verlag GmbH, DE, ein Teil von Springer Nature 2026
P. J. A. Capel, *Die emotionale DNA*, https://doi.org/10.1007/978-3-662-71831-5_11

An welche Störungen sollten Sie denken, wenn Sie sich nicht genug bewegen und warum ist ein überwiegend sitzendes Leben so schlecht? Es ist einfach zu erklären warum, aber zuerst schauen wir uns die Liste der Krankheiten an, die wahrscheinlicher sind, wenn man einen sitzenden Lebensstil führt.

Der Stoffwechsel verändert sich, was zu Fettleibigkeit, Typ-2-Diabetes, dem metabolischen Syndrom und sogar zur Bildung von Gallensteinen führen kann. Das Risiko steigt bei den Herz-Kreislauf-Erkrankungen, Bluthochdruck, Arteriosklerose, Thrombose, Herzinfarkt und Schlaganfall. Das Risiko für Asthma und alle Arten von Lungenerkrankungen ist ebenfalls erhöht, und der Verlauf von Krebs wie Brust-, Darm-, Prostata-, Bauchspeicheldrüsenkrebs und Melanomen wird negativ beeinflusst. Aber auch im Bereich der neurologischen Erkrankungen, wie reduzierten kognitiven Fähigkeiten, Demenz, Depression, Angststörungen, Parkinson und Alzheimer, verändert sich alles. Und damit noch nicht genug, denn die Häufigkeit von Rückenschmerzen, Osteoporose und Rheuma steigt ebenfalls, und vom Immunsystem entwickelt sich eine chronische Entzündung. Als ob all dies nicht reichen würde, wird auch die Lebenserwartung reduziert [78].

Dieses Schreckensszenario kann doch nicht der Wahrheit entsprechen, denn wie ist es möglich, dass durch Nichtbenutzung der Muskeln die Risiken so stark erhöht werden und in einer so absurd lange Liste von Leiden münden? Es ist eigentlich sehr einfach nachzuvollziehen. Lassen Sie uns einen Moment in die Tierwelt wechseln und uns fragen, wofür Tiere hauptsächlich ihre Muskeln benutzen. Die Antwort lautet: um nach Nahrung zu suchen. Ob sie grasen oder jagen, Tiere sind immer in Aktion, um Nahrung zu finden. Sobald sie genug haben, legen sie sich ruhig hin, bis sie wieder hungrig werden. Aber dann kommt der Winter und die Nahrung wird knapp. Wenn mehr Energie benötigt wird, um Nahrung zu finden, als die Energie, die die Nahrung liefert, ist es besser, in den Winterschlaf zu gehen. Und so beginnt eine Periode, in der die Muskeln kaum genutzt werden. Die anhaltende unzureichende Nutzung der Muskeln ist das Signal für den Körper, sich auf eine Periode ohne Nahrung vorzubereiten. Aber wie kann man ohne Nahrung überleben? Indem man alles auf Sparflamme stellt! Alle Funktionen müssen auf ihre niedrigste Stufe gesetzt werden. Die Temperatur und die Herzfrequenz müssen sinken, die Verdauung muss sich komplett ändern und alles muss auf diese Weise auf ein Minimum an Aktivität heruntergefahren werden. Alles im Körper wird verändert, einschließlich des Immunsystems, das das einzige ist, das nicht in den Sparmodus geht, sondern tatsächlich an Aktivität zunimmt. Dies ist notwendig, weil alles auf Sparflamme läuft, was den Körper wiederum sehr anfällig für Infektionen macht. Wer oder was entscheidet, ob dieser riesige Umstellungsprozess durchgeführt wird? Es wird von den Muskeln geregelt; wenn sie unter eine bestimmte Aktivitätsschwelle fallen, geben sie die notwendigen Signale. Mit unserem derzeitigen Lebenswandel ist die körperliche Aktivität, wie die Nahrungssuche, auf ein Minimum gesunken und wenn wir nicht auf andere Weise aktiv sind, geben unsere Muskeln die Signale, in den Sparmodus zu gehen. Aber man sieht niemanden, der irgendwie für Wochen schläft und langsam sein Fett in einer Höhle aus Ästen und Blättern verbrennt. Das Leben geht weiter und es gibt auch Mahlzeiten, aber der Lebensstil ist falsch. Er ist jetzt völlig aus dem Gleichgewicht geraten, weil sich das Setting der Körperfunktionen verändert hat. Und wir sind so an unseren Lebensstil gebunden, dass wir alles daran setzen, unsere ungesunde Lebensweise zu leugnen. Leider gibt es das Statistikamt, das uns mit den Fakten konfrontiert. Nehmen Sie zum Beispiel Depressionen. Die Anzahl der Menschen, die eine Phase der Depression durchgemacht haben, beträgt 27 % der Bevölkerung, und derzeit sind 1,1 Mio. Menschen in den Niederlanden depressiv. Auch Allergien sind auf 26 % angestiegen und die Anzahl der Menschen mit chronischen Krankheiten liegt bei 30 %. Die Ursache für diese hohen Zahlen ist offensichtlich nicht nur auf einen Mangel an Bewegung zurückzuführen, aber dies nimmt sicherlich erheblichen Einfluss auf die Problematik.

Wenn wir den Zahlenaspekt für einen Moment beiseite lassen, bleibt doch der enorme Einfluss von aktiven Muskeln auf unsere Gesundheit unbestreitbar. Was ist der Unterschied zwischen aktiven und inaktiven Muskeln? Die Antwort müssen wir im Bereich der Transkriptionsfaktoren suchen, von denen in der gesamten Palette der beteiligten Transkriptionsfaktoren zwei eine führende Rolle spielen, FOXO3 und PGC1a.

Der Faktor FOXO3 wird eingeschaltet, wenn es zu wenig Bewegung gibt und er sorgt für die „Winterschlaf"-Einstellung, aber wenn es genug Bewegung gibt, wird PGC1a eingeschaltet. Diese beiden Faktoren sind Gegensätze und sobald PGC1a aktiviert ist, ist das erste, was dieser Faktor tut, FOXO3 auszuschalten.

Die Bewegung der etwa sechshundert Skelettmuskeln wird vom Motorkortex im Gehirn gesteuert und dies ist ein Prozess, den wir mit unserem Bewusstsein kontrollieren können. Durch die Nervenbahnen werden die Muskeln aktiviert und durch eine schöne, aber komplexe Reihe von Reaktionen, werden die Aktin- und Myosinfasern zusammengebracht. Diese Kontraktion aktiviert auch den Transkriptionsfaktor PGC1a, wodurch es in der Muskelzelle zu einiger Aktivität kommt, denn PGC1a stimuliert 984 Gene und hemmt 727.

Dadurch ändert sich gesamte Stoffwechsel des Muskels und es werden mehr Mitochondrien produziert. Dies sind die Kraftwerke der Zelle, die den Muskeln mehr Kraft geben. Muskeln dienen auch als Speicherplatz für Proteine, und ein aktiver Muskel sorgt dafür, dass mehr Protein für zusätzliche Muskelzellen produziert wird, was durch Training zusätzliche Muskelmasse ermöglicht.

Weil ein Muskel sowohl stärker werden als auch wachsen kann, ist auch das Gegenteil möglich. Für seine Energieversorgung kann der Körper die Proteinvorräte in den Muskeln nutzen, was sie kleiner und schwächer macht, aber PGC1a verhindert, dass ein Abbau der Muskelmasse stattfindet. Diese Veränderung der Muskelmasse wird durch das Gleichgewicht von Proteinsynthese und Proteinabbau gesteuert, und je nach Aktivität der Muskeln ändert sich die Muskelmasse entweder in Richtung Zu- oder Abnahme. Der Abbau der Muskelmasse ist mit unzureichender Bewegung und Mangelernährung verbunden, kann aber auch durch Krankheiten wie Krebs und Diabetes verursacht werden. Das Gleichgewicht zwischen Abbau und Aufbau ist sehr wichtig und sollte nicht zu Extremen führen. Muskeln verbrauchen ziemlich viel Energie und bei übermäßiger Muskelmasse ist der Energieverbrauch in Ruhe viel zu hoch, was für den Körper sehr ungünstig ist. Ein zu starker Rückgang der Muskelmasse wiederum kann dazu führen, dass sich die Muskelzellen so heftig in den Proteinabbau stürzen, dass es für die Muskelzellen katastrophal wird, da sie in diesem Fall sterben können. Es gibt eindeutige Grenzen für diesen Prozess. Nun kommen die beiden Faktoren FOXO3 und PGC1a wieder ins Spiel. FOXO3 hemmt die Produktion von neuem Protein, hält den Prozess aber unter Kontrolle, indem es einen zu starken Abbau verhindert. PGC1a definiert ebenfalls die Grenzen der Proteinproduktion. Es stimuliert die Proteinsynthese, wirkt aber auch als Bremse bei übermäßiger Aktivität. Allerdings bestimmt nicht nur die muskuläre Aktivität die Muskelmasse, sondern auch die Steroidhormone. Testosteron stimuliert die Muskelproduktion und das Stresshormon Cortisol hemmt diesen Prozess. Deshalb sind Männer stärker als Frauen (wobei Frauen eigentlich das stärkere Geschlecht sind, weil ihr Immunsystem stärker ist und sie länger leben). Es gibt synthetische Testosteronpräparate, bekannt als anabole Steroide, die oft illegal im Sport eingesetzt werden, einschließlich in Bodybuilderkreisen. Es stimmt, dass dies zu einem starken Anstieg der Muskelmasse führt, aber es zeigt auch sofort, warum PGC1a versucht, das unter Kontrolle zu halten. Wenn zum Beispiel der Herzmuskel zu dick wird, kann dies zum vorzeitigen Tod durch Herzversagen führen. Und diese gefälschten Testosteronbomben zerstören noch viel mehr. Der Anstieg der Männlichkeit durch diese Kultur der Muskelberge ist nur Schein. Die wahre Männlichkeit nimmt ab, die Hoden werden geschädigt und Impotenz ist oft das traurige Endresultat.

Neben all diesen hunderten von anderen Funktionen reguliert PGC1a auch die Produktion von Dutzenden von verschiedenen Myokinen, die als Hormone ausgeschieden werden und ihre Funktionen im ganzen Körper ausüben [79]. Die Wirkungsbreite all dieser Myokine ist recht groß und vielfältig. Sie regulieren den Stoffwechsel, indem sie auf den Darm, die Leber und die Bauchspeicheldrüse einwirken. Sie spielen auch eine große Rolle im Fettgleichgewicht. Das weiße Fett, das als Fettlager dient, wird abgebaut, aber auch teilweise in braunes Fett umgewandelt. Das braune Fett findet sich nicht in den Hüftpolstern, im Bauch und im Gesäß, sondern hauptsächlich in der Brust. Es dient der Temperaturregulierung. Durch die Verbrennung von braunem Fett bleiben wir warm. Es stärkt auch die Knochen und darüber hinaus haben Myokine eine Wirkung auf bestimmte Arten von Tumoren. Ausreichende muskuläre Aktivität reduziert das Risiko von Brust- und Darmkrebs um 25 bis 35 % [80]. Aktive Muskeln führen unter anderem zu einer Abnahme des chronischen Entzündungswertes, einem Zustand, der durch Stress und Bewegungsmangel für viele „neuzeitliche Krankheiten" verantwortlich ist.

Neben all den positiven Effekten ausreichender Bewegung haben eine Reihe von Myokinen auch eine positive Wirkung auf unser Gehirn. Muskeln produzieren eine Substanz, die für die Nerven sehr wichtig ist, genannt BDNF. Diese Substanz ist entscheidend für die Funktion und das Überleben von Nervenzellen und besonders aktiv im Hippocampus. BNDF hat eine direkte stimulierende Wirkung auf Lernprozesse und Gedächtnis und kann neue Nervenzellen erzeugen. Es ist daher sehr vorteilhaft, genug davon zu haben, denn ein reduzierter BDNF-Spiegel korreliert mit einer großen Anzahl von neurologischen Störungen, wie Alzheimer, Parkinson und Epilepsie, und ist auch an Depressionen beteiligt [81]. Ein aktiver Lebensstil ist daher von großer Bedeutung. Dies wird auch durch eine sehr umfangreiche Studie belegt, die den Prozentsatz chronischer Erkrankungen nach Altersgruppe mit dem Lebensstil vergleicht.

Von der aktiven Gruppe, die regelmäßig Sport trieb, hatten nur 5 % im Alter von 65 Jahren eine chronische Krankheit, während die inaktive Gruppe 30 % erreichte. Wenn diese inaktiven Menschen übergewichtig waren, stieg dieser Prozentsatz auf 50 %. Der Krankheitsverlauf war in den verschiedenen Gruppen sehr unterschiedlich, und in der aktiven Gruppe stieg die Lebenserwartung um zehn Jahre [78].

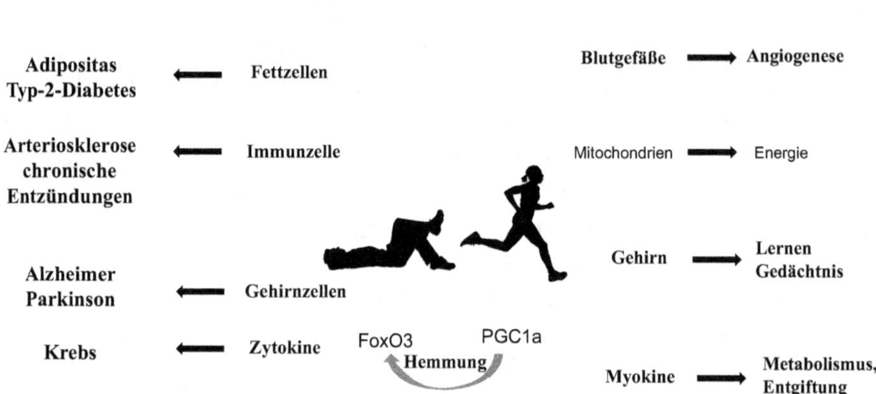

Abb. 11.1 Chronische Entzündungen und Krankheiten im Zusammenhang mit aktiven versus inaktiven Lebensstilen. (Bilder: Getty Images)

Die unterschiedlichen Auswirkungen von ausreichender oder unzureichender Bewegung sind in Abb. 11.1 zusammengefasst.

Es ist also überdeutlich, dass körperliche Aktivität gesund ist; aber dann stellt sich sofort die Frage: Auf welche Weise, wie lange und wie oft sollte man üben? Die Mindestzeit, um gesund zu bleiben, beträgt eine halbe Stunde pro Tag mit mäßiger Anstrengung wie Treppensteigen, Gehen und Radfahren. Und alles darüber hinaus ist auch gut. Neben allen Arten von Sport ist auch Yoga in diesem Zusammenhang sehr nützlich. Mit Yoga nutzen Sie Ihre Muskeln auf eine Weise, die zu erheblichen positiven Veränderungen in Ihrem Körper führt. Außerdem stärken Sie die Muskeln und erhöhen die Ausdauergrenze.

In der Reihe Meditation – Yoga – Sport steht Yoga in der Mitte der Liste.

Die biochemischen Auswirkungen von Yoga ähneln teilweise denen der Meditation und teilweise denen des Sports. Genau wie die Meditation hat Yoga eine starke Wirkung auf den Blutfluss im Gehirn [56]. Nach einer Periode von zwölf Wochen Yogapraxis gibt es eine messbare Veränderung des Blutflusses im Gehirn. In der Amygdala, wo Angst und Schmerz lokalisiert sind, nimmt die Durchblutung ab. Im präfrontalen Kortex, der an emotionalen Prozessen wie Entscheidungsfindung und sozialem Verhalten beteiligt ist, nimmt der Blutfluss zu [82]. Und im Gehirn passiert noch mehr, denn durch das Praktizieren von Yoga werden neue, vorteilhafte Verbindungen zwischen allen Arten von Gehirnregionen geschaffen [60]. Genau wie bei Meditation und Sport wird die Aktivität verschiedener Transkriptionsfaktoren verändert;

dies ist auch bei Yoga der Fall [61]. Die Auswirkung dieser veränderten Aktivität der Genregulation durch Transkriptionsfaktoren bedeutet, dass es messbare Unterschiede in der Stressreaktion und in allen Arten von verschiedenen Entzündungsmediatoren gibt [83]. Yoga hat eine klare Wirkung auf die Reduzierung chronischer Entzündungsprozesse [84] und auf verschiedene Stresshormone [85].

Bestimmte Myokine werden auch beim Praktizieren von Yoga produziert. Ein sehr wichtiger Faktor, der durch Muskelaktivität, einschließlich Yoga, erzeugt wird, ist BDNF, der sich um die Erhaltung und Erneuerung von Nerven kümmert. Neben allen Arten von Gehirnfunktionen beeinflusst dieser Faktor auch den Verlauf von Depressionen und Angststörungen. Yoga erhöht auch die BDNF-Spiegel zum Vorteil und senkt das Stresshormon Cortisol. In einer Studie mit Patienten mit schweren Depressionen war die therapeutische Wirkung von Yoga sogar besser als die Behandlung mit Antidepressiva allein [86]. So macht Yoga auch im Bereich der Myokinproduktion eine gute Figur. Es gibt Bereiche, in denen körperliche Anstrengung etwas weiter geht als bei Yoga, wie zum Beispiel bei Parkinson, wo etwas Erstaunliches passiert. Bei diesen Patienten sind Nervenzellen in bestimmten Gehirnregionen degeneriert, was zu einem breiten Spektrum von Funktionsverlusten führt. Am auffälligsten ist das Zittern, das dazu führt, dass alle Arten von Bewegungen unkontrolliert werden und zu Einschränkungen führen. Bei dieser Krankheit gibt es ernstzunehmende Anomalien im Dopaminsystem und die einzige Therapie bisher war die Verabreichung von L-Dopa. Aber jetzt kommt der erstaunliche Teil. Wenn ein Parkinson-Patient, der nicht einmal mehr laufen kann, auf ein Fahrrad steigt, passiert etwas Phänomenales: Symptome wie Zittern werden dramatisch reduziert [87]. Die Wirkung von Yoga und Sport ist in der Regel nicht direkt von ihrer Intensität abhängig, solange sie über dem Minimum liegt, aber im Falle von Parkinson ist die Intensität der Bewegung wichtig. Je härter die Patienten radelten, ob auf einem Heimtrainer oder nicht, desto stärker war der Effekt. Nach vier Wochen intensiven Trainings wurden deutliche Veränderungen in den Gehirnscans beobachtet und die Verbindungen zwischen Thalamus und Kortex hatten deutlich zugenommen. Unter anderen Übungen war es besonders das „harte" Radfahren, das einen so großen Effekt hatte, weil die Beinmuskulatur eine große Muskelmasse besitzt und daher viel BDNF, Dopamin und andere Faktoren produziert [88].

Angesichts all dieser Eigenschaften aktiver Muskeln und ihrer äußerst umfangreichen Wechselwirkungen im gesamten Körper können Sie die Aussage treffen: „Sport ist gut für Sie".

12

Individualität und Stressanfälligkeit

Warum kommt es vor, dass von zwei Menschen, die in derselben problematischen Familie aufwachsen, einer stabil aus dieser schwierigen Kindheit hervorgeht, während der andere, trotz gleicher Erfahrungen, als nervliches Wrack durchs Leben gehen muss?

In jüngster Zeit wurde viel zu dieser faszinierenden Frage geforscht und es wird immer deutlicher, dass es sich um ein komplexes Thema handelt.

Oft wird die Vorstellung gehegt, dass ein traumatisches Ereignis, das zwei Menschen widerfährt, für beide gleich ist. Auch wenn es tatsächlich nur ein katastrophales Ereignis gab, haben wir in Kap. 5 gesehen, dass es keine objektive Betrachtung gibt. Das Ereignis kann für jede beteiligte Person eine völlig unterschiedliche Erfahrung sein. Eineiige Zwillinge mit denselben Eltern, derselben Jugend, derselben Bildung, demselben Dies und Das, können auf diese sogenannten gleichen Jugendjahre völlig unterschiedlich reagieren. Ich kenne solche Zwillinge, einer wurde zur liebenswürdigsten, süßesten und fürsorglichsten Person, während der andere aus derselben Erziehung sehr egoistisch und hart hervorging. Es zeigt, dass mehr als nur Genetik erforderlich ist, um zu erklären, warum der eine sehr unterschiedlich auf dieselbe Situation reagieren kann als der andere. Drei Hauptkomponenten sind an der Fähigkeit, mit Stress umzugehen, beteiligt: Genetik, vergangene Erfahrungen (Training im Umgang mit einem Stressor) und Epigenetik (Blockierung von Genen auf der DNA aufgrund traumatischer Erlebnisse).

Zunächst betrachten wir den Stressor. Dies kann ein negatives Ereignis, sowohl aus der Vergangenheit als auch der Gegenwart, oder ein negativer Ge-

P. J. A. Capel, *Die emotionale DNA*, https://doi.org/10.1007/978-3-662-71831-5_12

danke sein, begründet oder nicht, oder auf unbestimmten Ängste und Gefühlen basieren. Unabhängig davon, wo dieser Stressor herkommt, macht das Gehirn keinen Unterschied zwischen realen oder imaginären Ursachen.

Die letztendliche Stressanfälligkeit wird durch mindestens 17 Gehirnregionen bestimmt, die über stimulierende, hemmende und regulierende Neuronen miteinander kommunizieren, die eine Reihe von Neurotransmittern verwenden. Zunächst werden wir diese ganze komplexe Reihe von Reaktionen im Gehirn auf den Stressor vereinfachen. Deshalb fassen wir eine große Anzahl von Bereichen zu vier Komponenten zusammen: das positive Belohnungszentrum, das negative Angst- und Schmerzzentrum, das Archiv aller Emotionen aus der Vergangenheit und das Kontrollzentrum. Die Wirkung des Stressors wird durch das Gleichgewicht der Aktivitäten in den positiven und negativen Zentren bestimmt, aber die Erinnerungen aus dem Archiv haben einen starken Einfluss darauf; und die Form der endgültigen Reaktion wird durch das Kontrollzentrum bestimmt.

Der Grad der Stressanfälligkeit und die Resilienz, um sich zu erholen, werden teilweise durch die Genetik bestimmt.

Die chronische Stressreaktion hat einen sehr starken, negativen Einfluss auf alle Bereiche und um dies ein wenig unter Kontrolle zu halten, werden alle möglichen Proteinen gebildet, um den Auswirkungen dieser Stressreaktion entgegenzuwirken. Eines dieser korrigierenden Proteine ist das Neuropeptid Y (NPY). Dieser Faktor hemmt nicht nur das ängstliche und depressive Verhalten, sondern sorgt auch dafür, dass die schädlichen Veränderungen im Gehirn so weit wie möglich reduziert werden. Die Bedeutung dieses Faktors in Bezug auf die Stressanfälligkeit wurde in einer Vielzahl von Studien hervorgehoben. In diesem Zusammenhang kann NPY Angst und Aggression unterdrücken, ist aber auch von großem Wert für die Reparatur der durch chronischen Stress verursachten Schäden im Gehirn. Es gibt verschiedene genetische Formen dieses NPY und je nach Form wirkt dieser Faktor besser oder schlechter, was sich in Emotion und Verhalten während des Stresses widerspiegelt [89]. Neben dieser genetischen Variation von stresshemmenden Proteinen gibt es auch andere Gene, die über die Stressanfälligkeit entscheiden. Die Funktionsweise sowohl der Belohnungszentren als auch des Angst- und Schmerzzentrums ist sehr empfindsam für das Gleichgewicht zwischen allen Arten von Neurotransmittern und dieses Gleichgewicht spiegelt sich in den Gefühlen des gegenwärtigen Moments wider. Die Synthese dieser Neurotransmitter wird durch eine Reihe von Enzymen versorgt, die genetisch unterschiedlich sein können, was das subtile Gleichgewicht in den Neurotransmittern verschieben kann. Auf diese Weise kann eine genetische Prädisposition bestimmen, inwieweit wir anfällig für Stress sind. Aber auch innerhalb des Stresssystems selbst gibt es genetische Variationen. So neigen Menschen, die in ihrer Kindheit missbraucht wurden, eher dazu, ein posttraumatisches Stresssyndrom zu entwickeln, wenn sie eine bestimmte genetische Variante eines Stresshormonrezeptors haben [90].

Neben der Genetik ist es auch wichtig, wie wir Stress in der Vergangenheit erlebt haben, denn solche Erfahrungen können Stressanfälligkeit schaffen.

Kap. 5 beschreibt zum Beispiel, dass das Aktivieren positiver Erinnerungen einen direkten Effekt auf die Unterdrückung depressiven Verhaltens hat. Es stellt sich heraus, dass, wenn man mit früheren Stresserfahrungen auf positive Weise umgehen konnte, dies ein Training für eine bessere Stressresistenz wird. Auf diese Weise hat auch eine allgemein positive Lebenseinstellung positive Konsequenzen. Optimisten haben nicht nur eine höhere Lebenserwartung und eine bessere Gesundheit [46], sondern sind auch stressresistenter [91].

Schlechte Erfahrungen mit stressigen Situationen oder Traumata wirken in die entgegengesetzte Richtung und verschärfen die Stressanfälligkeit. Auf diese Weise sehen wir, dass gute oder schlechte Erfahrungen neue Nervenbahnen zwischen den Gehirnregionen programmieren und dass sich die Stressanfälligkeit ändert, wenn sie stimuliert werden. Diese Erfahrungen haben Auswirkungen auf die Gehirnaktivitäten, aber auch auf epigenetische Reaktionen, die Gene blockieren können.

Ein wunderbares Beispiel dafür, „wie Emotionen aus der Kindheit die Stressanfälligkeit beeinflussen", kann aus der epigenetischen Blockierung von Genen bei neugeborenen Ratten abgeleitet werden, abhängig vom mütterlichen Verhalten [92].

Wenn die Mutter ihre Welpen beim Trinken leckt, gibt dies diesen Tieren nicht nur ein sicheres Gefühl, sondern erhöht durch den Tastsinn in der Haut auch den Serotoninspiegel in einem bestimmten Gehirnzentrum. Neben einem emotionalen Wohlgefühl erhöht sich auch die Aktivität eines Transkriptionsfaktors im Hippocampus, dem emotionalen Gedächtniszentrum. Parallel dazu wird das Gen für einen wichtigen Hormonrezeptor (Glukokortikoid-Rezeptor) durch epigenetische Reaktionen auf die DNA zugänglich gemacht. Durch das Lecken und die vertraute Umgebung erhöht der Transkriptionsfaktor seine Aktivität und gleichzeitig ist das Gen leichter zugänglich, was eine große Anzahl dieser Rezeptoren im Hippocampus zum Vorschein bringt. Das macht diese Welpen für den Rest ihres Lebens stabil und stressresistent.

Es gibt jedoch auch Mütter, die sich nicht so liebevoll um ihre Welpen kümmern, dann wird kein zusätzliches Serotonin exprimiert und die Aktivität des Transkriptionsfaktors bleibt niedrig. Das wichtige Gen für diesen speziellen Hormonrezeptor wird jetzt nicht zugänglicher gemacht und es passiert das Gegenteil. Das Gen wird durch eine epigenetische Blockade schwerer erreichbar und diese Tiere haben für den Rest ihres Lebens eine niedrige Rezeptoraktivität im Hippocampus. Da dieser Rezeptor auch mit Stresshormonen reagiert, kompensiert der Körper diese niedrige Rezeptoraktivität mit einer zusätzlichen Produktion von Stresshormonen (siehe Abb. 12.1). Man sieht es schon kommen, diese Tiere sind für den Rest ihres Lebens nervös und stressanfällig. Und es wird noch besorgniserregender, denn dieser Rezeptor ist auch in sexuellen Prozessen wichtig. Die Sexualität weiblicher Ratten unterscheidet sich und hängt davon ab, ob sie in ihrer Jugend gehegt wurden oder nicht. Die emotional gut betreuten Weibchen hatten ein weniger anspruchsvolles Sexualleben und kümmerten sich sehr gut um ihren Nachwuchs. Die andere Gruppe war weniger wählerisch, paarte sich öfter und ihr Nachwuchs wurde weniger gut versorgt [93].

Dieses Prinzip ist nicht auf die Ratte beschränkt. Derselbe Mechanismus ist auch bei Menschen vorhanden. Wenn man bei Menschen das Vorhandensein dieses Hormonrezeptors bestimmt, findet man analoge Situationen. Unabhängig davon, ob Menschen bei einem Unfall ums Leben gekommen sind oder Selbstmord begangen haben, kann das Vorhandensein dieses Rezeptors im Hippocampus durch eine Obduktion des Gehirns festgestellt werden.

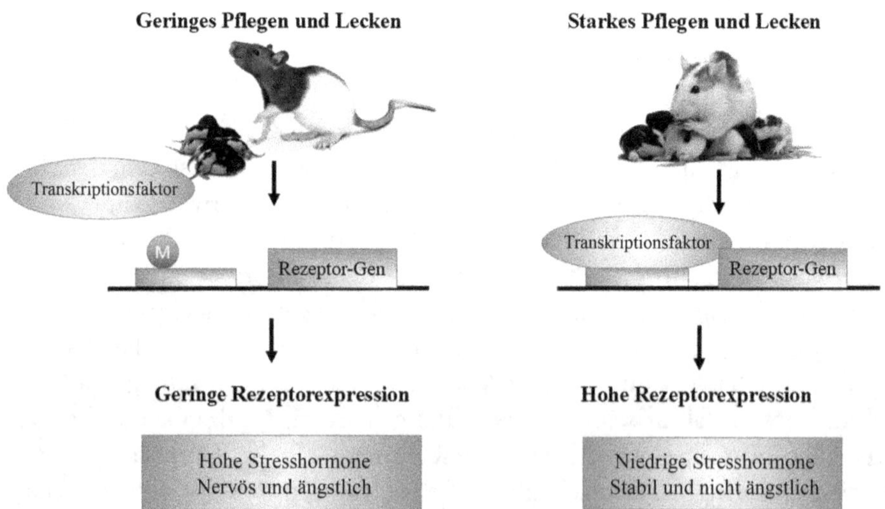

Abb. 12.1 Epigenetische Blockade des Glukokortikoidrezeptors während geringer mütterlicher Fürsorge führt zur Bildung zusätzlicher Stresshormone als Ausgleich für die geringe Rezeptorexpression, was zu Angstverhalten führt. Diese Blockade tritt nicht auf, wenn die Pflege ordnungsgemäß durchgeführt wird

Diese Studien zeigen, dass Menschen, die in ihrer Jugend missbraucht wurden, eine viel geringere Expression dieses Rezeptors haben als Menschen, die eine relativ normale Kindheit hatten [94].

Die Epigenetik geht noch weiter. Extreme Erfahrungen wirken sich auf die Aktivität von Enzymen aus, und zwar über die bekannte Abfolge – Emotionen, Gehirn, Hormone, Transkriptionsfaktoren –, die Blockaden auf der DNA verursachen, und andere, die Blockaden beseitigen können. Solche epigenetischen Veränderungen bewirken eine Menge im Gehirn. Die Kommunikation zwischen dem Belohnungszentrum, dem Angst- und Schmerzzentrum, dem emotionalen Archiv und dem Kontrollzentrum kann durch gewaltsame Ereignisse neu organisiert werden. In dieser Kommunikation gibt es hemmende (GABA) und anregende Neurotransmitter (Glutamat), bei denen das Verhältnis zwischen den beiden die Stresssensitivität weitgehend bestimmt. Emotionen können durch epigenetische Reaktionen die Aktivität von Neurotransmittern und ihren Rezeptoren und damit die Stresssensitivität verändern. Abgesehen von der Stresssensitivität spielen diese hemmenden und anregenden Neurotransmitter in vielen Prozessen eine wichtige Rolle. Obwohl Glutamat ein völlig natürliches Salz der Aminosäure Glutamin ist, wird es sehr schnell toxisch.

Im Gehirn wird das meiste Glutamat sehr aktiv in den Zellen gespeichert und in sehr geringer Menge, streng reguliert, freigesetzt, um als Neurotransmitter zu wirken. Kleine Veränderungen haben schnell große Auswirkungen und hohe Mengen an freiem Glutamat sind toxisch für Nervenzellen, was viele neurodegenerative Krankheiten verursachen oder verschlimmern kann.

Die Ursachen der tödlichen Krankheit ALS sind nur teilweise bekannt, aber es gibt verstärkt Hinweise darauf, dass eine Überstimulation von Glutamat mit einer gleichzeitigen geringen Hemmung von GABA einen wichtigen Beitrag zum Tod von motorischen Gehirnzellen leistet [95]. Verschiebungen im Gleichgewicht zwischen Glutamat- und GABA-Aktivitäten können auch Auswirkungen auf andere Zustände haben, wie ADHS, Autismus, Schizophrenie und Epilepsie. Es ist bemerkenswert, dass Glutamat von der Lebensmittelindustrie als Geschmacksverstärker mit der Bezeichnung E621 bis E625 vielen Produkten zugesetzt wird. Das zweifelhafte Argument hier ist, dass die Blut-Hirn-Schranke freies Glutamat überhaupt nicht durchlässt. Es ist jedoch wahrscheinlicher, dass sich Produkte mit einem stärkeren Geschmack besser verkaufen lassen.

Das Glutamat-GABA-Gleichgewicht hat noch auffälligere Auswirkungen. Wer kennt nicht die intensiven, emotionalen Geschichten von jemandem, der zu viel getrunken und Ihnen allerlei unangenehme Erfahrungen aufgetischt hat. Das emotionale Archiv, der Hippocampus, enthält alle Arten von sensiblen Erinnerungen. Es ist natürlich nicht praktisch, wenn man über den ganzen Tag hinweg all diese Emotionen immer wieder erlebt, und deshalb gibt es einen hemmenden Mechanismus durch GABA, um den Tag auf ausgeglichene Weise zu bewältigen. Alkohol hemmt diesen GABA-Mechanismus und mit einem großen Schluck stehen die Türen des emotionalen Archivs weit offen und dann sind die Krokodilstränen nicht mehr kontrollierbar.

Zurück zur Epigenetik der Stresssensitivität. CRH ist ein sehr wichtiges Hormon, das eine zentrale Rolle im Stresssystem spielt. Dieses Hormon steigt unter Stress an und kontrolliert eine unglaublich große Anzahl von Funktionen. Wenn Sie gelernt haben, Stress besser zu bewältigen, kann diese Schulung Ihnen helfen, das Gen für dieses Hormon teilweise epigenetisch zu blockieren. Da weniger CRH gebildet wird, wird die Reaktion auf eine stressige Situation etwas milder ausfallen. Gut verarbeitete Erfahrungen aus der Vergangenheit führen zu einer besseren Stressresistenz. Abb. 12.2 zeigt eine Reihe von Faktoren, die die Stresssensitivität beeinflussen.

Die Stresssensitivität ist daher das Ergebnis des Zusammenspiels der drei Faktoren:

Genetik, Training durch Erfahrung und Epigenetik.

Der letztendliche Einfluss des Stressors ist das Ergebnis der Verarbeitung innerhalb dieser 17 betroffenen Gehirnregionen. Dies bestimmt die Form und Stärke der effektiven Stressreaktion. Da die Stressreaktion über Nervenbahnen und Hormone alle Arten von Organen und Körperfunktionen steuert,

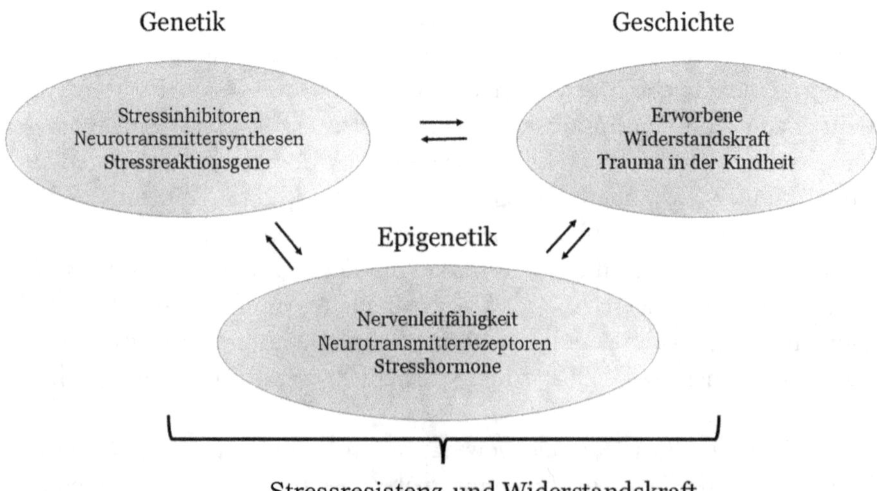

Abb. 12.2 Faktoren, die die Stresssensitivität und Resilienz bestimmen

ist es sehr wichtig, wie stark oder schwach diese Reaktion ist. Es gibt nicht nur die direkte Wirkung von Stress, sondern all diese Organe und Systeme senden Signale zurück zum Gehirn.

Das Immunsystem wird also durch die Stressreaktion gesteuert, mit dem Ergebnis, dass die immunologischen Produkte wiederum das Gehirn steuern. Die Nebenniere ist auch ein großer Akteur, der durch Stress aktiviert wird und wiederum die Stressreaktion durch Feedback moduliert.

Auch der Darm mit seiner gesamten Darmflora steht immer in engem Kontakt mit dem Gehirn. Wenn man bedenkt, dass das Immunsystem bei jedem Individuum unterschiedlich ist, ebenso wie seine Darmflora und dazu noch all die anderen genetischen Unterschiede, Geschichte und Epigenetik, wird klar, dass die Frage, warum jeder anders auf einen Stressor reagiert, nicht einfach zu beantworten ist.

13

Chronischer Stress und Krankheiten

Im vergangenen Jahrhundert hat sich unser Lebensstil stark verändert. Im Jahr 1850 betrug unsere durchschnittliche Lebenserwartung 40 Jahre, heute hat sie sich verdoppelt. Nicht nur leben wir länger, sondern wir führen auch ein völlig anderes Leben als unsere Vorfahren. Diese Veränderung im Lebensstil spiegelt sich auch in den Krankheitsmustern wider, die wir derzeit erleben. Während vor einem Jahrhundert Infektionskrankheiten wie Tuberkulose, Masern und Influenza dominierende Faktoren für unsere Überlebenschancen waren, haben andere Zustände wie Krebs und Herz-Kreislauf-Erkrankungen ihren Platz eingenommen. Nicht nur unsere tödlichen Krankheiten sind nicht mehr dieselben, sondern die gesamten Krankheitsmuster haben sich verändert. Im Jahr 1975 betrug die Inzidenz von Autismus beispielsweise 1:5000, während sie im Jahr 2010 dramatisch auf 1:110 anstieg. Auch Zöliakie oder Glutenunverträglichkeit hat sich in jüngster Zeit verdreifacht. In der Vergangenheit waren nur wenige Kinder allergisch gegen Gluten, aber jetzt hat sich das auf 30 % erhöht. Die Anzahl der Autoimmunerkrankungen, wie Multiple Sklerose, Morbus Crohn und Typ-1-Diabetes, ist stark angestiegen. Die schreckliche ALS-Erkrankung, bei der man immer mehr gelähmt wird und dann innerhalb weniger Jahre stirbt, ist heute zehnmal häufiger als im Jahr 1950.

Neben all diesen Krankheiten gibt es viele neurologische und psychische Störungen, deren Anzahl zugenommen hat. Parkinson hat sich in den letzten 40 Jahren versechsfacht. Wenn wir uns Angststörungen ansehen, stellen wir fest, dass diese sich in 20 Jahren ebenfalls versechsfacht haben. Das Phänomen des Burn-outs war früher wenig bekannt, aber heutzutage hören wir es überall.

P. J. A. Capel, *Die emotionale DNA*, https://doi.org/10.1007/978-3-662-71831-5_13

Die Lebenserwartung hat zugenommen, aber dies ist eindeutig auf den Rückgang der Kindersterblichkeit und die massive Reduzierung der Sterblichkeit durch Infektionskrankheiten zurückzuführen. Leider sind jedoch mit dem Verschwinden dieser schlimmen Krankheiten alle möglichen Arten von neuen Krankheiten aufgetreten, die sie ersetzt haben. Wir leben länger, aber wir sind sicherlich nicht weniger „gestresst". Was ist der Grund für den starken Anstieg dieser sogenannten Wohlstandskrankheiten? Einer der Gründe für den Anstieg chronischer Krankheiten könnte auf Veränderungen in unserer Ernährung zurückzuführen sein. Ein Beispiel ist die Menge an Zucker, die eine Person pro Jahr verbraucht, die im Jahr 1850 vier Kilogramm betrug und jetzt auf 50 Kilogramm angestiegen ist. Im Jahr 1900 waren in bestimmten Lebensmitteln noch 50 Milligramm Selen, 40 Milligramm Kupfer und 20 Milligramm Magnesium enthalten, heute muss man ein Mikroskop verwenden, um einige dieser sehr wichtigen Elemente zu finden.

Abgesehen davon, dass unsere Nahrung durch die heutige intensive Landwirtschaft stark verkümmert ist, wurden viele Inhaltsstoffe durch allerlei giftigen Müll ersetzt. Pestizide sind jetzt prominent auf unserem Speiseplan vertreten. In diesem Zusammenhang ist Glyphosat sehr speziell. Es ist das am weitesten verbreitete Herbizid, besser bekannt als Roundup. Es ist überall erhältlich und wird weit verbreitet verwendet. In 18 europäischen Ländern wurde das Vorhandensein dieses Medikaments im Urin getestet und bei 44 % dieser Menschen war der Test positiv. Bei Labortieren gibt es ausreichend Studien, die zeigen, dass dieses Medikament Tumore verursacht und beim Menschen besteht ein Zusammenhang mit Non-Hodgkin-Lymphomen. Die internationale Krebsforschungsagentur beschreibt dieses Medikament als „wahrscheinlich krebserregend" [96]. Der Umsatz dieses Produkts betrug jedoch allein bei einem der Hersteller im Jahr 2015 4,76 Milliarden Dollar, mit einem Gewinn von 1,9 Milliarden Dollar. Natürlich steht dies in überhaupt keinem Zusammenhang mit fehlenden politischen Entscheidung, es zu verbieten.

Auch die Lebensmittelindustrie tut ihr Bestes mit allerlei Zusatzstoffen und Verarbeitungen.

In Kap. 12 haben wir bereits die Empfindlichkeit des Körpers gegenüber Glutamat, mit den E-Nummern 621 bis 625, und die möglichen Folgen für das Gehirn erwähnt, aber es wird immer noch weit verbreitet als Geschmacksverstärker verwendet. Andere weniger angenehme E-Nummern sind 433 und 466, das sind Emulgatoren. Als Emulgator funktionieren sie gut, aber leider auch im Darm. Der Darmschleim, der als Barriere gegen Darmbakterien äußerst wichtig ist, wird ebenfalls emulgiert und beeinträchtigt, was bedeutet, dass der Schutz weitgehend verschwindet. Dies bedeutet, dass die normalerweise harmlosen Bakterien plötzlich alle Arten von Krankheiten wie Colitis, das metabolische Syndrom und Morbus Crohn verursachen können [97].

Eine weitere schädliche E-Nummer, 951, ist Aspartam, der Süßstoff, der in fast allen Light-Produkten zu finden ist, aber als sehr giftig und krebserregend gilt. Die Reihe der gesundheitlichen Probleme ist fast unüberschaubar, wie Hunderte von Studien gezeigt haben. Deshalb wurde es auch von der FDA verboten. Donald Rumsfeld, der Mann der Bush-Administration, der viele Lügen über den Irak erzählte, hat dieses Verbot für Aspartam mit viel politischer Intrige aufgehoben. Abgesehen davon, dass es generell sehr schlecht für die Gesundheit ist, nimmt man auch davon zu. Es stimmt, dass Aspartam selbst keine Kalorien liefert, aber es täuscht den Körper als falscher Süßstoff, was dazu führt, dass der Insulinspiegel steigt und den Stoffwechsel verwirrt; dies führt wiederum dazu, dass der Körper an Gewicht zunimmt [98].

Neben dem Rückgang der Qualität und der Zunahme der Müllmenge in unserer Nahrung sind wir auch vielen verschiedenen Mythen über die Ernährung ausgesetzt. Nehmen Sie zum Beispiel das Essen von gesättigten Fetten. Falsch, falsch, falsch, ruft jeder. Aber stimmt das? In einer unglaublich großen Studie unter 59.000 Menschen stellt sich heraus, dass von diesem Mythos kaum etwas wahr ist [99]. Wie ist diese falsche Geschichte in die Welt gekommen? Die Antwort ist einfach: Die Daten für diese Idee basieren auf Lügen und Betrug.

Im Jahr 1953 veröffentlichte Ancel Keys in einer obskuren wissenschaftlichen Zeitschrift die These, dass der Verzehr von gesättigten Fetten in direktem Zusammenhang mit dem Tod durch Arteriosklerose steht [100]. Um dies zu belegen, verwendete er die Daten einer FAO-WHO-Studie für den Zeitraum 1948–1949, die er betrügerisch modifizierte, um zu seinem Schluss zu kommen. Dies wurde zu einem Mythos, unter dem wir immer noch leiden, obwohl er bereits 1957 veröffentlicht wurde und auf einer Lüge basierte. Dank seines Betrugs schaffte es Mr. Keys triumphierend, 1961 auf dem Cover des Time Magazine zu erscheinen.

Auf die gleiche Weise könnte ich „beweisen", dass es einen Zusammenhang zwischen Arteriosklerose und der Anzahl der Störche in Polen gibt. Dennoch macht dieser Mythos immer wieder die Runde, trotz aller Kenntnisse, die das Gegenteil beweisen. Fette und Cholesterin, als angebliche Ursache von Arteriosklerose, werden in Kap. 15 diskutiert. Die Auswirkungen von körperlicher Aktivität werden in Kap. 11 ausführlich besprochen; es ist klar, dass ausreichend Bewegung für die Gesundheit notwendig ist. Diese Aktivität muss nicht übermäßig sein, aber ausreichend, um zu verhindern, dass ruhende Muskeln in ein Winterschlafmuster verfallen.

Neben körperlicher Aktivität und guter Ernährung ist effektives Stressmanagement äußerst wichtig.

Es kann nicht oft genug wiederholt werden; unabhängig von der Herkunft des Stressors, ob psychologisch oder physisch, beginnt in allen Fällen diese Art von Stressreaktion auf die gleiche Weise.

Innerhalb dieses Rahmens gibt es natürlich viele Nuancen. Nicht jeder Stressor löst den gleichen Grad an Stress und das gleiche Endergebnis aus. Aber chronischer Stress verhindert, dass der Körper in seinen Ruhezustand zurückkehrt und liegt einer großen Anzahl von Störungen und Krankheiten zugrunde.

Wie sehen diese starken Veränderungen durch Stress aus und warum ist das so?

In der Kampf-oder-Flucht-Reaktion steht alles im Dienst der bestmöglichen Überlebenschancen. Wenn es keine Zeit gibt, nach Nahrung oder Trinkwasser zu suchen, verändern sich der Stoffwechsel und der Feuchtigkeitshaushalt sofort. Die Energie wird anders gespeichert, ebenso wie Wasser und Salze. Wenn diese Situation zu lange anhält, treten Probleme auf. Dies wird in Abb. 13.1 dargestellt.

Der veränderte Stoffwechsel, der als vorübergehende Notlösung gedacht war, kann sich in das metabolische Syndrom und Fettleibigkeit verwandeln. Die anhaltenden Verschiebungen im Feuchtigkeits- und Salzhaushalt verursachen hohen Blutdruck. Die Chance, kämpfen zu müssen, ist sehr wahrscheinlich, weshalb Sie sich in einen sehr wachsamen Zustand versetzen müssen, aber neben dieser Aufregung verursacht auch die Unsicherheit darüber, wie all dies enden wird, Angst. Es ist klar, dass Sie in einer solchen Situation kein kleines Nickerchen machen werden. Wenn Sie zu lange in diesem Zustand bleiben, führt dies zu Angstzuständen und Schlaflosigkeit.

Die Stressreaktion hat zwei Muster, die beide sehr effektiv sind. Neben der Vorbereitung auf den Kampf ist auch das Vermeiden der Gefahr eine gute Option. Allerdings macht das anhaltende, ängstliche und wachsame Vermeiden sozialer Kontakte, einschließlich Schlafstörungen, nicht glücklich, was oft zu Depressionen führt.

Sowohl Flucht als auch Kampf können zu Verletzungen mit dem damit verbundenen Infektionsrisiko führen. Daher wird das Immunsystem bereits einen Gang höher geschaltet. Sie müssen sich ausruhen, damit die Wunden heilen können. Sie werden müde, weshalb Sie sich die notwendige Ruhe gönnen und auch der Schmerzreiz wird erhöht, weshalb Sie das beschädigte Gewebe nicht belasten. Diese Müdigkeit ist nicht auf die Aktivitäten zurückzuführen, die Sie ausgeführt haben, sondern auf Faktoren, die vom Immunsystem erzeugt wurden und das Schlafzentrum im Gehirn aktivieren. Chronisches

Stressreaktionen

Bedrohung:	Reaktion:	Nachteil:
Nahrungsmangel	Energiespeicher	Adipositas, metabolisches Syndrom
Wassermangel	Wasser- und Salzeinlagerung	Hoher Blutdruck
Infektion	Gestärktes Immunsystem	Autoimmunkrankheiten
Kampf gegen Gegner	Aufregung und Angst	Schlaflosigkeit, Angstzustände
Vermeidung von Gefahren	Soziale Isolation	Depression
Verletzung und Schädigung	Gewebeschutz	Schmerz- und Ermüdungssyndrom

Abb. 13.1 Folgen des Übergangs von akutem Stress zu chronischem Stress

Erschöpfungssyndrom und erhöhte Schmerzempfindlichkeit wie Fibromyalgie sind nicht mehr weit entfernt. Abb. 13.1 veranschaulicht die Folgen von akutem Stress, wenn er chronisch wird. Es gibt noch weitere direkte Reaktionen, die durch Stress ausgelöst werden. Darüber geben viele Redewendungen Aufschluss.

„Er macht vor Angst in die Hose."

Für die Fluchtreaktion verlieren Sie schnell den überschüssigen Ballast, um so schnell wie möglich laufen zu können. Ein Liter Urin spart ein weiteres Kilo.

„Schwitzen vor Angst"

Da bei der Fluchtreaktion viel Energie verloren geht, müssen Sie sich abkühlen, um Ihre Temperatur zu regulieren. Daher das Schwitzen zur Kühlung. Im Falle von Angstschweiß können Sie diesen Schweiß auch verwenden, um spezielle Gerüche zu übertünchen und Ihre Umgebung vor der bevorstehenden Gefahr zu warnen.

„Seine Haare stehen zu Berge"

Ein weiterer Aspekt der Kühlung. Mit aufrechtem Haar ist die Belüftung besser.

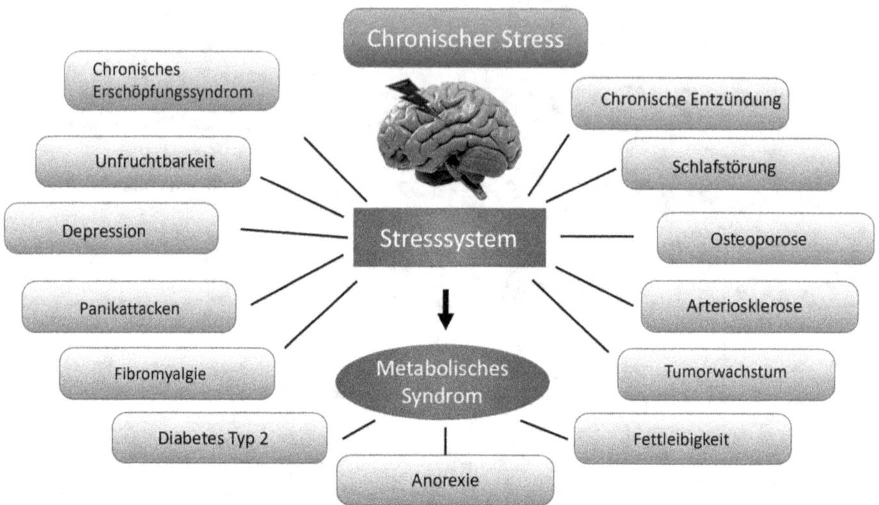

Abb. 13.2   Chronischer Stress und Krankheiten

„Das lässt mir graue Haare wachsen"

Das könnte tatsächlich passieren. Schauen Sie sich nur den Unterschied bei Obamas Haarfarbe nach seiner Amtszeit an. Obwohl es aufgrund seiner genetischen Herkunft eher unwahrscheinlich ist, dass er ergraut, hat er seinen Aufenthalt im „Weißen Haus" sehr ernst genommen, wie die Stressanzeichen zeigen.

Aufgrund der Stressreaktion ändern sich viele Transkriptionsfaktoren, sodass auf den Pigmentzellen, die das Haar färben, ein falsches Protein exprimiert wird. Dies wird vom Immunsystem bemerkt, das dieses als fremd ansieht und infolgedessen die Pigmentzelle abbaut. Dann erhält das Haar keine Farbe mehr und wird grau.

Chronischer Stress kann auftreten, muss aber nicht immer die Ursache von Krankheiten sein. Allerdings führt er oft zu einer Verschlechterung bestehender Situationen.

Abb. 13.2 gibt einen Überblick über Störungen, die in engem Zusammenhang mit chronischem Stress stehen.

In den nächsten Kapiteln werden wir die Beziehung zwischen Stress und einer Reihe von hier genannten Krankheiten diskutieren.

14

Unfruchtbarkeit

Die Essenz für die Erhaltung des Lebens ist die Fortpflanzung. Alles, was lebt, wird reproduziert und dies kann auf vielfältige Weise geschehen. Die ersten Lebensformen waren einzelne Zellen, die sich durch Zellteilung vermehrten. Bei dieser ungeschlechtlichen Fortpflanzung blieb die DNA in allen Nachkommen gleich. Gelegentlich trat eine Mutation auf, sodass Unterschiede in dieser Lebensform allmählich auftreten konnten. Auf diese Weise konnten sie sich an eine veränderte Umgebung anpassen. Aber die Bedingungen auf der Erde waren eher instabil. Wenn man bedenkt, dass es in den ersten zwei Milliarden Jahre der Existenz der Erde keinen Sauerstoff in der Atmosphäre gab, kann man sich vorstellen, dass das Leben sich ändern musste, als plötzlich Sauerstoff, als Abfallprodukt, freigesetzt wurde. Da Sauerstoff ziemlich aggressiv ist, starb fast alles Leben; diese Periode wird als die Große Sauerstoffkatastrophe beschrieben. Aber schon vor diesem enormen Drama musste sich das Leben an neue Umstände anpassen. Die ungeschlechtliche Fortpflanzung, mit manchmal zufälligen Mutationen, erwies sich bei großen Veränderungen als unzureichend, also musste etwas anderes passieren. Die Lösung war der Austausch von DNA. Wenn eine Zelle alleine alle für eine neue Situation benötigten Mutationen arrangieren muss, ist das eine fast unmögliche Aufgabe. Deshalb wurde die Sexualität erfunden. Bei großen Veränderungen in der Umwelt wurden die sogenannten Paarungsgene auf der DNA eingeführt und die einzelnen Zellen wurden in Männchen und Weibchen umgewandelt. Mit diesem System von Spender und Empfänger konnten neue Mutationen schnell ausgetauscht werden, was die Überlebenschancen erheblich erhöhte. Wenn sich die Bedingungen verbesserten, war die Sexualität nicht mehr notwendig und konnte für diese einzelligen Organismen eliminiert werden.

P. J. A. Capel, *Die emotionale DNA*, https://doi.org/10.1007/978-3-662-71831-5_14

Wenn wir die Periode, in der die Erde existiert, als ein Jahr darstellen, dann begann sie am 1. Januar, das einzellige Leben begann am 14. März und der Mensch erschien am 31. Dezember um 14:30 Uhr. Wann begann die Sexualität auf dieser Skala? Das war am 1. August. Die ungeschlechtliche Fortpflanzung blieb bestehen, zusätzlich zur sexuellen Form, wie es oft bei Pflanzen der Fall ist. Sexualität wurde bald die einzige Fortpflanzungsform der höheren Tierarten.

Bei der sexuellen Fortpflanzung sind alle Nachkommen unterschiedlich und das ist für die Natur absolut notwendig. Angesichts der Notwendigkeit der Fortpflanzung hat die Natur diese Aktivität mit sehr starken Instinkten und Emotionen verknüpft. Das Verleugnen oder Verbieten dieser Triebe führt oft zu großem Elend. Das im Jahr 1075 auf der Synode von Mainz aus politischen und vor allem finanziellen Gründen verkündete Zölibat führte nicht zu einem sexuell entspannten Klerus.

Sexuelle Spannungen sind in mehreren Bereichen sehr intensiv und die Anzahl der Zeitschriftenartikel und Bücher über die Spannungskurve zwischen Männern und Frauen sind zu zahlreich, um sie zu erwähnen.

Monogamie ist ein wichtiges Konzept, das eher im Konflikt mit den Wünschen der Mutter Natur zu stehen scheint. Bei monogamer Fortpflanzung mit einer großen Anzahl von Nachkommen ist der individuelle Beitrag im sogenannten Genpool zu groß. Die Anzahl der auf DNA-Ebene ähnlich aussehenden Nachkommen muss begrenzt werden. Dies ist so wichtig, dass sie absichtlich sterben müssen. Sterben ist ein dynamischer Prozess genau wie Wachstum und genau wie Wachstumsgene gibt es auch Sterbegene. Wenn genügend Nachkommen gezeugt wurden, dann werden die Sterbegene eingeschaltet und es dauert im Durchschnitt noch zwei Generationen, bevor der Tod eintritt. Eine Maus lebt nur zweieinhalb Jahre; das liegt daran, dass sie sich um viele große Würfe kümmert. Die Maus stirbt nicht, weil ihre Organe mehr abgenutzt sind als unsere, sondern weil ihr Beitrag zum Genpool zu groß ist, um länger leben zu dürfen. Während dieser Fortpflanzungsperiode ist Monogamie nicht der beste Weg, um so viel Vielfalt wie möglich zu schaffen, wie in Kap. 7 beschrieben. Es gibt keine völlig sexuell monogamen Tiere, aber was vorkommt, ist soziale Monogamie [101]. Aus wirtschaftlichen und sozialen Gründen ist die Paarbildung für das Leben üblich, so ist soziale Monogamie nicht ungewöhnlich, aber sexuelle Monogamie ist es.

Trotz der Tatsache, dass die Sexualität von fast unkontrollierbaren Trieben angetrieben wird, bedeutet das nicht, dass es immer einen Bedarf an Fortpflanzung gibt. Die Natur hat strenge Regeln dafür. Die Nachkommen müssen gute Überlebenschancen haben. Deshalb legen im Mai alle Vögel Eier und nicht im September. Denn wenn dieser Wurf erst im Oktober aus der Schale schlüpft, gibt es zu wenige Insekten und andere Nahrungsmittel; und mit dem kalten Winter vor der Tür sind die Überlebenschancen gering. Daher wird ein strenges Timing angewendet, wann funktionelle Paarung erlaubt ist. Wenn die Bedingungen für den Nachwuchs in der guten Jahreszeit schlecht sind, sollte es keine Fortpflanzung geben und die Fruchtbarkeit wird eliminiert. Eine stressige Lebenssituation schaltet die Fruchtbarkeit bei Tieren ab. Aber wie steht es um den Menschen?

Die Regulierung der Fortpflanzung erfolgt im Hypothalamus, wo das Gonadotropin-Releasing-Hormon, GnRH, produziert wird. Dieses Hormon ist der großartige Fortpflanzungsdirigent. Es stimuliert die große Hormonfabrik im Gehirn, die Hypophyse, und erzeugt so eine Reihe von Hormonen, die sowohl die männlichen als auch die weiblichen Fortpflanzungsorgane steuern. So reguliert GnRH alle Funktionen, die einen fruchtbar machen. Wenn man die Fortpflanzung regulieren will, macht man das am besten an der Quelle, d. h. am GnRH. Sowohl psychologischer als auch physiologischer Stress hemmen die Wirksamkeit von GnRH auf zwei Arten; erstens wird die Synthese im Hypothalamus gehemmt, aber gleichzeitig wird dort auch ein Inhibitor von GnRH produziert. Dieser wird Gonadotropin-Inhibitory-Hormon, GnIH, genannt und verursacht letztendlich Unfruchtbarkeit, wie in Abb. 14.1 gezeigt.

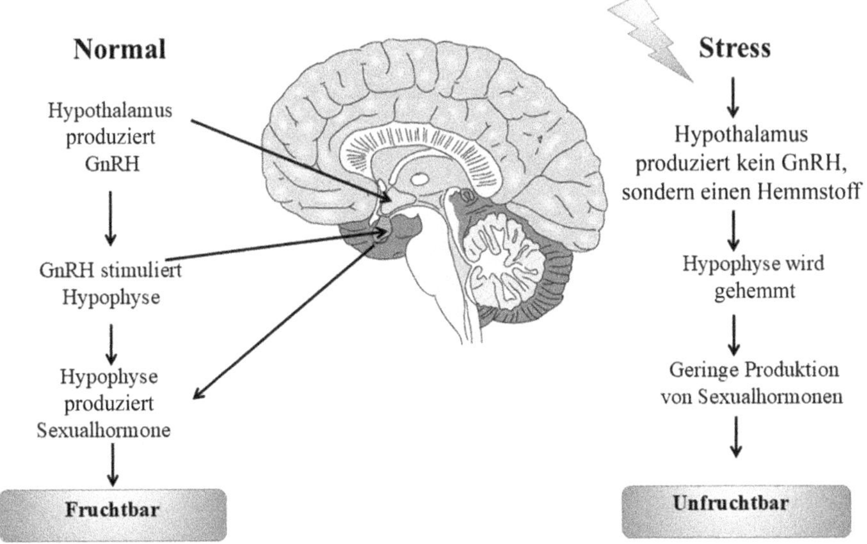

Abb. 14.1 Die Hemmung der Fruchtbarkeit durch Stress

Als Folge dieser Hemmung sind alle notwendigen Hormone weniger aktiv. Dies betrifft unter anderem den Eisprung und die Einnistung in der Gebärmutter des befruchteten Eis oder die Spermatogenese; und auch die sexuelle Aktivität wird reduziert. Ein guter Übersichtsartikel über die Wirkung dieses Inhibitors ist der von Takeshi Iwasa [102].

Der Einfluss von Stress auf die Fruchtbarkeit wurde in einer Studie mit 501 Paaren mit Kinderwunsch untersucht. Der Stresslevel wurde bei Frauen biochemisch gemessen; Frauen mit einem hohen Stresslevel hatten ein zwei- bis dreimal höheres Risiko für Unfruchtbarkeit als Frauen in der Gruppe mit niedrigem Stress. Die Frauen in der Gruppe mit höherem Stress, die schließlich schwanger wurden, benötigten oft viel mehr monatliche Zyklen, bevor Ergebnisse erzielt wurden [103].

Neben der Tatsache, dass der Zusammenhang zwischen Stress und Unfruchtbarkeit deutlich nachgewiesen wurde, gibt es auch Studien zur Umkehrung. Wie wirkt sich das Entstressen aus, zum Beispiel durch Mind-Body-Training bei Frauen, die Probleme mit ihrer Fruchtbarkeit haben? Die Ergebnisse von 20 Jahren Entspannungs- und Stressabbaukursen sind sehr klar. Von den Frauen, die ein solches Training absolvierten, wurden 55 % innerhalb von sechs Monaten schwanger, im Vergleich zu 20 % in der Kontrollgruppe, die kein Training absolvierten [104].

15

Arteriosklerose und Stress

Beim Thema Arteriosklerose gibt es zahlreiche und sehr ausdrückliche Aussagen und Werturteile. Wir sollten dies tun und das nicht tun und mit dem Fanatismus eines Exorzismusrituals wird Cholesterin aus dem Körper geworfen. Dabei ist es eines der wichtigsten Moleküle in unserem System. Weil es so wichtig ist, produziert die Leber es im Übermaß und stellt sicher, dass alle Zellen mit einer größeren Menge als benötigt versorgt werden. Der Überschuss wird dann einfach zurückgegeben. Es gibt kein gutes oder schlechtes Cholesterin, denn es gibt nur ein Cholesterin und das sieht aus wie in Abb. 15.1 dargestellt.

Aber wie sieht das wirklich falsche Cholesterin aus, das alle Gefäßprobleme verursacht?

Dies ist kein gewöhnliches Cholesterin, es ist 7β-Cholesterinhydroperoxid und es sieht aus wie in Abb. 15.2 dargestellt.

Das Problem in den Blutgefäßen ist nicht das Cholesterin selbst, sondern das auf spezifische Weise oxidierte Cholesterin. In diesem Fall wird Cholesterin in einer Hydroperoxidform gebildet, das ist die OOH-Gruppe in Abb. 15.2. Wie kommt diese Hydroperoxidgruppe zum Cholesterin, das alle Probleme verursacht? Sicherlich nicht durch den Verzehr von zu vielen Eiern oder gesättigten Fetten, sondern durch das Einbringen von Bleichmittel und Wasserstoffperoxid in die Gefäßwand. Aber wer würde so etwas tun?

Aufgrund solcher aggressiven Oxidationsmittel in dieser schönen Gefäßwand läuft alles schief. Eines der Opfer in diesem Prozess ist das Cholesterin, das in ein Hydroperoxid oxidiert wird und nun die sogenannte Plaque bildet, die die Gefäßprobleme verursacht.

© Der/die Autor(en), exklusiv lizenziert an Springer-Verlag GmbH, DE, ein Teil von Springer Nature 2026

P. J. A. Capel, *Die emotionale DNA*, https://doi.org/10.1007/978-3-662-71831-5_15

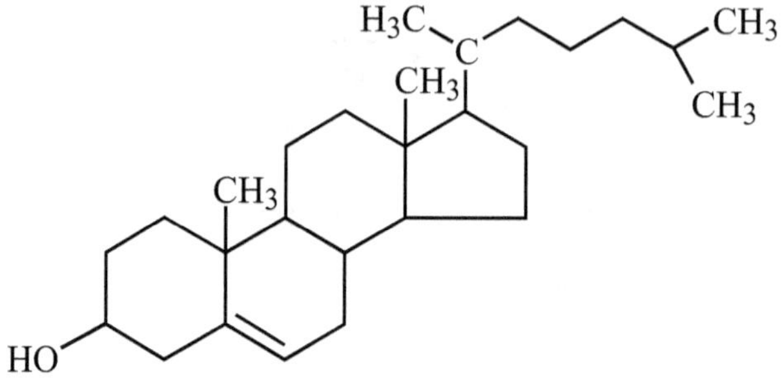

Abb. 15.1   Die Struktur von Cholesterin

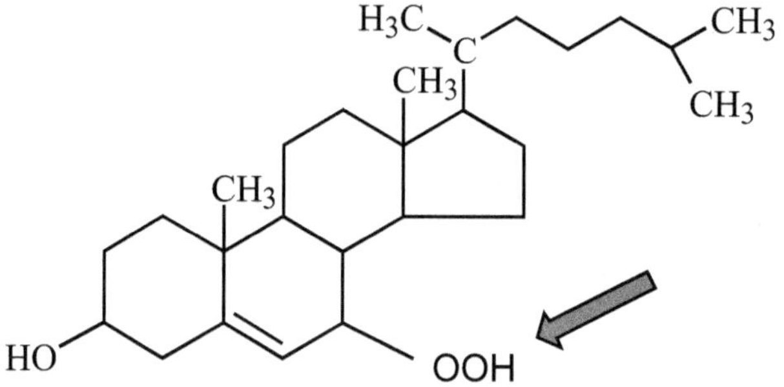

Abb. 15.2   Die Struktur von 7β-Cholesterinhydroperoxid

Es besteht ein klarer Zusammenhang zwischen der Produktion von Peroxid und Bleichmittel in der Gefäßwand und der Entwicklung von Herz-Kreislauf-Erkrankungen.

Mit Cholesterin ist nichts falsch, tatsächlich ist es von lebenswichtiger Bedeutung, solange es nicht oxidiert wird. Wäre es nicht sinnvoll, eher der Oxidation als dem Verzehr von Cholesterin Aufmerksamkeit zu schenken?

Bevor wir uns das eigentliche Problem von Herz-Kreislauf-Erkrankungen in Bezug auf Cholesterin ansehen, macht es Sinn zu verstehen, wie all diese Geschichten entstanden sind und woher der fanatische Wahn der verschiedenen Standpunkte zu diesem Thema kommt.

Das Elend begann 1953, als Ancel Keys die Daten einer FAO-WHO-Studie über den Fettverzehr und Herz-Kreislauf-Erkrankungen betrügerisch manipulierte [100].

Er verwendete Daten aus 22 Ländern und entfernte selektiv 16, um zu dem Schluss zu kommen, dass Fettverzehr Herz-Kreislauf-Erkrankungen verursacht. Diese von Keys erfundene Behauptung wird bis heute von fast allen geglaubt. Wenn wir jetzt die gleichen Daten manipulieren und auf die eine oder andere Weise 15, 16 oder 17 Werte entfernen, erhalten wir das folgende Ergebnis. Wenn wir nach Keys manipulieren, dann ist Fettverzehr schlecht. Aber wenn wir andere Länder eliminieren, dann stellt sich der Fettverzehr im Gegenteil als sehr gesund heraus oder hat überhaupt keinen Einfluss auf Herz-Kreislauf-Erkrankungen. Es könnte auch so aussehen, als ob in allen Ländern die gleiche Menge Fett gegessen wird. Wenn Sie nur einige von ihnen selektiv verwenden, können Sie mit dem gleichen Datensatz alles behaupten.

Wenn Sie möchten, können Sie es noch verrückter machen, denn wenn Sie eine parabolische Kurve mit einem Höhepunkt erstellen, ist 30 % Fett in der Ernährung sehr schädlich, aber 40 % sind wieder gut. Bald kam an die Öffentlichkeit, dass es sich um Betrug handelte, aber der Schaden war bereits angerichtet. Die öffentliche Meinung hatte es zu einem Dogma gemacht.

In vielen wissenschaftlichen Artikeln wird deutlich, was über diese Angelegenheit gedacht wird. Das Dogma, dass gesättigtes Fett schlecht ist, wird ständig widerlegt. Aber wer liest das? Und so bleibt die öffentliche Meinung unberührt.

Jetzt wird es noch irrsinniger.

1977 wurden offizielle US-Richtlinien zu Nahrungsfetten in Bezug auf Herz-Kreislauf-Erkrankungen veröffentlicht [105]. Diese Empfehlungen basierten auf einer schlechten Analyse, bei der weder Frauen noch geeignete Kontrollgruppen einbezogen wurden. Der Vorsitzende dieses Ausschusses wollte die Richtlinien nicht veröffentlichen, aber Senator George McGovern ignorierte dies mit der Aussage: „Senatoren haben nicht den Luxus, den Forschungswissenschaftler haben, auf das letzte Beweisstück zu warten." [106] Dann kamen 1983 die Engländer mit ähnlichen Richtlinien [107]. Beide Dokumente stellten fest, dass es keine soliden Beweise gab, um diese Behauptung zu stützen. In der Zwischenzeit haben viele sehr fundierte Studien gezeigt, dass die Aussage „gesättigte Fette zu essen ist schlecht" nicht auf wissenschaftlichen Fakten basiert [108, 109].

Eine weitere Metastudie, an der mehr als eine halbe Million Menschen beteiligt waren, kam zu dem gleichen Ergebnis. Weniger gesättigte Fette und insbesondere mehrfach ungesättigte Fette zu essen, steht in keinem Zusammenhang mit dem Auftreten von Herzproblemen [110].

In der ersten betrügerischen Veröffentlichung von 1953 wurde nur der Prozentsatz des Fettes in der Ernährung erwähnt und nicht, welche Fette schlecht waren. Aber die Welt der Fette ist ziemlich groß; es gibt Tausende von verschiedenen Fetten. Sie können in Familien eingeteilt werden. Die Phospholipide, die Sterole, Triglyceride, gesättigte Fette, ungesättigte Fette – einfach oder mehrfach ungesättigt – Omega-3, Omega-6 oder Omega-9, um nur einige zu nennen. Aber natürlich können nicht alle von ihnen falsch sein, also wurde selektiert. Die gesättigten Fette wurden hierbei zu den Bösewichten und eines der Sterole, das wichtige Cholesterin, wurde zum Paten aller Übel befördert.

Aber wie ist die wirkliche Situation? Wenn man sich den Zusammenhang zwischen sehr hohem Cholesterin und Herz-Kreislauf-Erkrankungen ansieht, gibt es eine Korrelation. Und Menschen, die eine genetische Veranlagung für hohes Blutcholesterin, Hypercholesterinämie, haben, haben mehr Probleme mit Herz-Kreislauf-Erkrankungen. Aber was ist dieses sogenannte gute und schlechte Cholesterin?

Um ein klares Bild davon zu bekommen, was wirklich vor sich geht, müssen wir ein wenig mehr über Cholesterin wissen. Cholesterin ist ein Fett und diese Substanz ist so wichtig, dass alle Zellen in unserem Körper ständig und ausreichend versorgt werden müssen. Woher kommt es? Die Leber produziert selbst Cholesterin und es kommt auch aus unserer Nahrung. Aber weil es ein Fett ist und daher nicht in Wasser löslich ist, muss es speziell verpackt werden, damit es im Blut transportiert werden kann. Diese Verpackung besteht aus Lipoproteinen. Das sind spezifische Proteine, die Fette binden und kleine Tröpfchen daraus machen. Diese Tröpfchen fühlen sich von außen im Wasser wohl und bieten innen eine sichere Umgebung für Fette. Die ganze „Gut-oder-schlecht"-Geschichte handelt nicht vom Cholesterin selbst, sondern von den Unterschieden in der Verpackung. Drei Hauptformen von verpacktem Cholesterin können unterschieden werden, ebenso wie einige Zwischen-formen. Die Verpackung variiert je nach Transportweg. Das Cholesterin aus der Nahrung wird im Darm in Chylomikronen verpackt und gelangt über das Blut zur Leber, wo das Cholesterin ausgepackt und größtenteils abgebaut wird. Chylomikronen sind große Komplexe, in denen durch verschiedene fettbindende Proteine die unterschiedlichen Fette, wie Triglyceride und Phos-pholipide, ordentlich verpackt werden, sodass sie durch das Blut transportiert werden können. Das Cholesterin ist ebenfalls in diesen Chylomikronen ent-halten, aber nur zu einem kleinen Teil, sodass das Cholesterin eigentlich nur mitfährt. Während der Reise durch das Blut verändern diese Chylomikronen ständig ihre Zusammensetzung. Wenn wir dies mit dem Transportsektor ver-gleichen, dann sind Chylomikronen eine Art Container, die die Fette unter-wegs in Fettsäuren umwandeln, die an verschiedenen Orten abgeliefert wer-den. Dadurch werden sie kleiner und die verschiedenen Zwischenformen er-halten Namen wie VLDL und IDL. Auf diese Weise gelangen alle Arten von Fetten an ihr Ziel, aber das Cholesterin bleibt ordentlich zurück und wird über verschiedene Stufen von der Leber aufgenommen. Dort wird es normaler-weise abgebaut, manchmal aber auch wiederverwendet. Die Leber produziert ihr eigenes Cholesterin, verwendet aber manchmal ein wenig des Nahrungscholesterins und verpackt es in der LDL-Form. Diese LDL-Tröpfchen gelangen über das Blut zu allen Geweben. LDL muss klein sein, um überall durch die Blutgefäßwand gelangen und alle Zellen erreichen zu können. Da Cholesterin so wichtig ist, wird mehr als nötig zu allen Geweben gebracht. Das überschüssige Cholesterin wird in den Geweben in HDL-Form verpackt und gelangt über die Blutgefäßwand zurück zur Leber.

Es gibt also einen ständigen Transport von Cholesterin durch das Blut und durch die Gefäßwand. Auf diese Weise kann viel Cholesterin durch die Gefäßwand gelangen, ohne Probleme zu verursachen. Mit keiner Form von verpacktem Cholesterin ist etwas falsch.

Die verschiedenen Formen von verpacktem Cholesterin sind in Abb. 15.3 dargestellt.

Wo liegt dann das Problem? Dieses liegt im sogenannten „oxidativen Stress". Das Immunsystem muss in der Lage sein, fremde Eindringlinge zu töten. Um dies zu tun, produzieren weiße Blutkörperchen Wasserstoffperoxide, Perchlorate und aggressive Enzyme. Ähnlich wie Bleichmittel und Waschmittel im Schrank unter der Spüle. Diese weißen Zellen töten Bakterien, indem sie sie mit diesen aggressiven Sauerstoffformen oxidieren. Normalerweise gibt es keine weißen Blutkörperchen in der Blutgefäßwand und es gibt keine aggressiven Substanzen, die Cholesterin oxidieren können, sodass so viel Cholesterin wie man möchte vom Blut zu den Geweben transportiert werden kann und der Überschuss geht in Form von HDL zurück. In

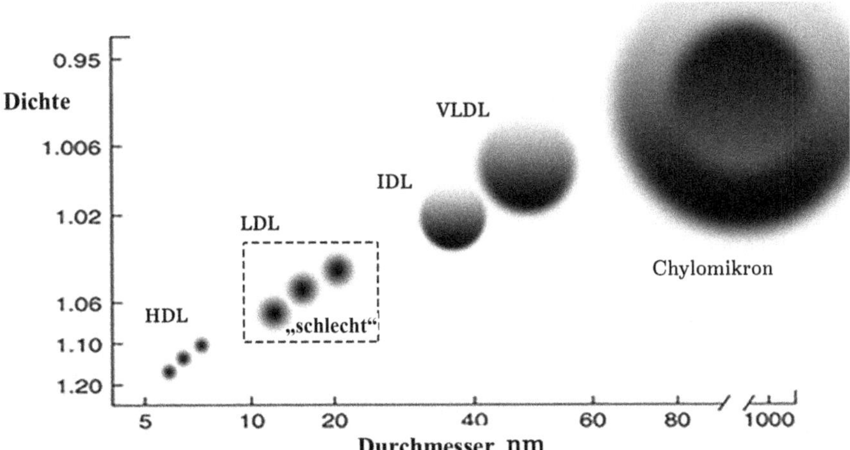

Abb. 15.3 Die verschiedenen Verpackungsformen von Cholesterin. Chylomikronen enthalten Cholesterin aus der Nahrung. IDL- und VLDL-Übergangsformen, von Chylomikron zu LDL. LDL enthält Cholesterin aus der Leber auf dem Weg zu den Geweben. HDL enthält ein Überschuss an Cholesterin aus den Geweben zurück zur Leber

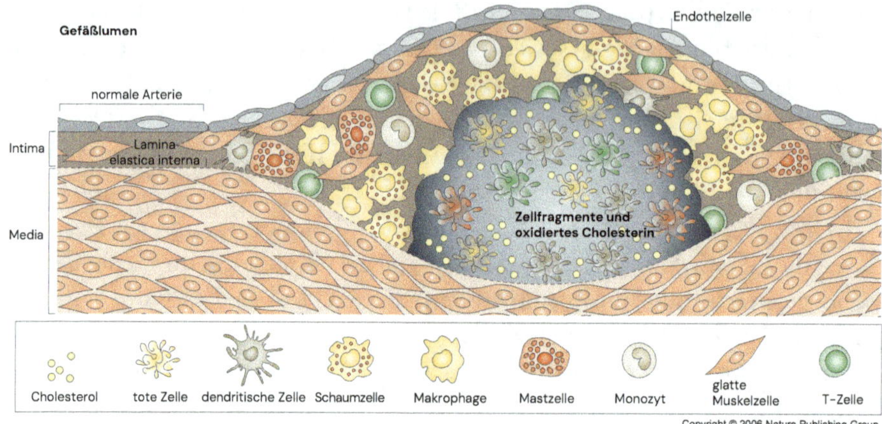

Abb. 15.4   Plaquebildung in der Blutgefäßwand. Monozyten gelangen als Folge von Stress, Rauchen oder Entzündungen in die Gefäßwand. Dort entwickeln sie sich zu Makrophagen. Nach Stimulation produziert der Makrophage reaktiven Sauerstoff. Das unlösliche 7β-Hydroperoxid wird durch Oxidation von Cholesterin gebildet und bildet zusammen mit zerbrochenen Zellfragmenten die Plaque. (Aus Hansson, G., Libby, P. The immune response in atherosclerosis: a double-edged sword. Nat Rev Immunol **6**, 508–519 (2006). https://doi.org/10.1038/nri1882)

dieser gewöhnlichen Situation spielt es keine Rolle, ob das Cholesterin hoch oder niedrig ist. Wenn jedoch aktive weiße Blutkörperchen in der Blutgefäßwand vorhanden sind, sieht die Sache anders aus.

Diese Zellen können Cholesterin mit ihren aggressiven Produkten oxidieren. Jetzt gibt es verschiedene Formen von oxidiertem Cholesterin und mit der 7β-Hydroperoxidform gerät alles aus dem Ruder. Diese Form kann nicht mehr von den weißen Zellen entfernt werden und sammelt sich in diesen Zellen an. Mit immer mehr oxidiertem Cholesterin werden diese Zellen immer größer und zu Schaumzellen. Dieser Prozess führt allmählich zur Entwicklung der Plaque in der Gefäßwand, was wir Arteriosklerose nennen (siehe Abb. 15.4).

Einige wichtige Fragen sind: Welche Verpackungsform von Cholesterin ist am empfindlichsten für Oxidation? Welche weißen Blutkörperchen gelangen in die Gefäßwand? Und warum gelangen diese Zellen in die Gefäßwand? Wie entwickeln sich diese Zellen? Was aktiviert diese Zellen zur Bildung ihres reaktiven Sauerstoffs? Was ist die Ursache des endgültigen Herzinfarkts?

Es gibt also drei Transportwege für Cholesterin. Vom Darm zur Leber in der Chylomikronenform, von der Leber zum Gewebe in der LDL-Form und vom Gewebe zurück zur Leber in der HDL-Form. Das Nahrungscholesterin kann daher keine wichtige Rolle im Prozess der Arteriosklerose spielen, da die

Chylomikronen zu groß sind, um durch die Blutgefäßwand zu gelangen, und die Leber das Cholesterin nur in begrenztem Umfang recycelt und verwendet.

Der Beitrag von Nahrungscholesterin zur Bildung von Plaques ist daher sehr gering. Wenn Cholesterin in einem Blutgefäß aufgrund von oxidativem Stress oxidiert wird, ist die anfälligste Form LDL, weil sie viel Cholesterin enthält, während HDL mit viel weniger Cholesterin weniger anfällig für Oxidation ist. Dieser Unterschied ist die Grundlage für die Terminologie von gutem und schlechtem Cholesterin.

In einer normalen Gefäßwand gibt es keine weißen Blutkörperchen, aber wenn diese Gefäßwand verändert oder beschädigt wird, gelangen spezielle weiße Blutkörperchen, die Monozyten, aus dem Blut in die Gefäßwand. Monozyten werden im Knochenmark hergestellt und gelangen durch das Blut zu den Geweben, um sich zu Makrophagen zu entwickeln. Frei übersetzt bedeutet Makrophage „großer Esser". Die Funktion der Makrophagen besteht darin, alle Arten von Unregelmäßigkeiten wie Bakterien oder beschädigte Zellen zu entfernen. Sie tun dies, indem sie alles, was unerwünscht ist, fressen und es mit Peroxiden, Perchloraten und sehr aggressiven Enzymen oxidieren. Aber warum setzen sich Monozyten in einer Blutgefäßwand ab und wachsen dann zu diesen Vielfraßen heran, die Cholesterin oxidieren können? Dies ist auf drei Hauptursachen zurückzuführen, die die Gefäßwand verändern, und infolgedessen wandern diese Monozyten in die Gefäßwand.

Wie wir gesehen haben, wirkt Stress auch über das Gehirn und Hormonsysteme auf die Aktivierung von Transkriptionsfaktoren, weshalb Hunderte von Genen dadurch anders genutzt werden. In dieser ganzen Reihe von Veränderungen werden jetzt Stressfaktoren erzeugt, die die Gefäßwand beeinflussen. Einer davon ist das MCP1-Protein, das dazu führt, dass Monozyten an der Gefäßwand haften und sich dann in der Gefäßwand zu Makrophagen entwickeln (siehe Abb. 15.5).

Eine zweite Veränderung ist die chemische Schädigung der Gefäßwand durch Rauchen. Die Anzahl der falschen Substanzen, die wir durch das Rauchen aufnehmen, ist unermesslich und die Wirkung all dieses Mülls schädigt unter anderem die Gefäßwand. Das Immunsystem sieht dies und schickt Monozyten dorthin.

Die dritte Veränderung ist mechanischer Schaden. Hoher Blutdruck verursacht Reibungskräfte an der Gefäßwand. Diese Kräfte sind am intensivsten in den Gefäßverzweigungen, wo intensive Wirbel auftreten, die die Gefäßwand beschädigen können. Diese mechanische Beschädigung aktiviert ebenfalls das Immunsystem, das wiederum die Monozyten dorthin schickt.

Aufgrund von Stress, Rauchen und Bluthochdruck gelangen Monozyten in die Blutgefäßwand und entwickeln sich zu Makrophagen, die oxidativen

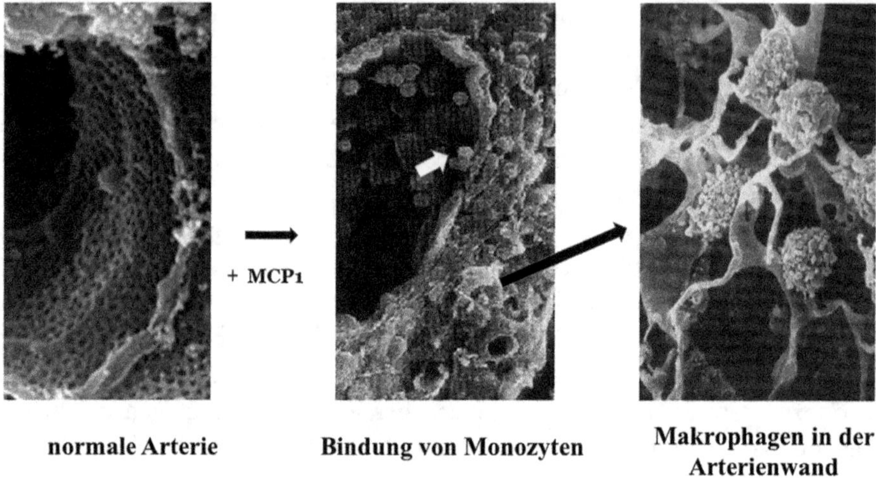

Abb. 15.5 Eine normale „saubere" Gefäßwand und eine „gestresste" Gefäßwand, an der Monozyten anhaften, die sich dann in der Gefäßwand zu einem Makrophage entwickeln. (Generiert mit ChatGPT)

Stress verursachen können, wodurch das Cholesterin in seiner LDL-Verpackung zum Opfer wird. Aber selbst nach all diesen Schritten sind wir noch nicht am Ziel. Die Makrophagen produzieren ihre Peroxide und andere Substanzen nicht kontinuierlich. Sie müssen von außen aktiviert werden, um ihre chemische Trickkiste zu öffnen. Hier spielt ein entzündungsförderndes Protein namens CRP eine wichtige Rolle im Prozess; dieses Protein ist normalerweise kaum im Blut nachweisbar, aber im Falle einer Entzündung wird dieses Protein in großen Mengen produziert. Nun tritt jedoch das Stressphänomen erneut in Erscheinung und über stressaktivierte Transkriptionsfaktoren wird auch CRP in hohen Mengen produziert, sodass man nicht unbedingt eine Infektion benötigt, um die makrophagenaktivierenden Substanzen zu produzieren, Stress allein reicht bereits aus.

Stress, Rauchen, hoher Blutdruck und Infektionen führen zu einer Situation, in der Makrophagen in der Gefäßwand aktiviert werden können. Dies verursacht oxidativen Stress und oxidiert das in LDL verpackte Cholesterin. Der Makrophage kann alle Arten von oxidiertem Cholesterin ausscheiden, aber eine Form, das 7β-Cholesterinhydroperoxid, bleibt in der Zelle und zerstört sie so, dass sie zu einer Schaumzelle wird, die eine wichtige Komponente der Plaque ist [111].

Der gesamte Prozess führt zur endgültigen Bildung von Arteriosklerose, aber die Plaque selbst bleibt weiterhin in der Gefäßwand und macht sie nur dicker, sodass die Gefäße immer mehr verschlossen werden. Richtig schief

läuft es, wenn die Plaque so groß ist, dass die äußere Auskleidung der Gefäßwand auseinanderbricht, was zur Blutgerinnung führt und das Gefäß ver-
schließt. Das Einzige, was dann noch helfen könnte, wäre, sofort eine Hand-
voll Aspirin zu schlucken, was die Gerinnung hemmt und eine weitere Blockade verhindert.

Also ist Stress eine der Hauptursachen für Arteriosklerose, aber ist das wirklich der Fall? Ein bisschen pessimistisches Grübeln und ein hektisches Ar-
beitstempo können doch nicht eine solche Wirkung haben, oder doch?

Für die eine Person ist eine Situation sehr stressig und für die andere weniger. Aber in einer aktuellen Studie wird der Zusammenhang zwischen Stress
und Herz-Kreislauf-Erkrankungen sehr deutlich.

Stress hat eine direkte Auswirkung auf die Amygdala, und die Aktivität dieses Gehirnteils kann gemessen werden. Die Frage, wie stark eine Person auf
Stress reagiert, kann durch die Messung der Amygdala-Aktivität beantwortet
werden. Bei 293 Personen wurde die Amygdala-Aktivität über viele Jahre hinweg longitudinal gemessen. Gleichzeitig wurde das Entzündungsprotein CRP
gemessen, ebenso wie die Aktivität des Knochenmarks, die Produktion von
Monozyten und der Grad der Entzündung der Aorta. Die Ergebnisse sind
sehr eindeutig: Wenn jemand gut mit Stress umgeht, ist die Amygdala-
Aktivität niedrig, die Knochenmarkaktivität und die Monozytenproduktion
sind niedrig und darüber hinaus ist auch das CRP niedrig. Dies führt dazu,
dass die Entzündung in der Aorta niedrig ist und es in dieser Gruppe weit weniger Herzinfarkte gibt. Wenn die Person stark auf Stress reagiert, sind all
diese Messungen hoch und es gibt mehr Herzprobleme. Nach fünf Jahren
hatten nur 8 % derjenigen in der Gruppe, die gut mit Stress umgingen und
eine niedrige Amygdala-Aktivität hatten, ein Herz-Kreislauf-Problem. In der
Gruppe, in der der Stress stärker empfunden wurde und die Personen eine
hohe Amygdala-Aktivität hatten, war dieser Prozentsatz deutlich höher, nämlich 30 % [112].

Die Ursache für Arteriosklerose ist das Vorhandensein von aktivierten Ent-
zündungszellen in der Gefäßwand. Seit der Verwendung von Statinen als
Medikament zur Senkung des Cholesterinspiegels hat die Anzahl der Herz-
Kreislauf-Probleme abgenommen. Statine tun viel, aber nicht alles an diesem
Medikament ist gleich angenehm. Es hemmt auch die Cholesterinsynthese in
der Leber und ist toxisch für die Mitochondrien, die Kraftwerke in der Zelle,
was hauptsächlich Muskelprobleme verursacht. Muskelschmerzen und
Schwäche für den Rest des Lebens sind überhaupt nicht erfreulich. Aber es ist
sehr wahrscheinlich, dass die tatsächliche Wirkung der Reduzierung von
Herz-Kreislauf-Erkrankungen darauf beruht, dass Statine auch entzündungs-
hemmend sind. Allerdings braucht man diese milliardenschwere Industrie

nicht, um Entzündungen zu hemmen; Statine sind auch die Ursache für eine Menge Unbehagen und Schmerzen über einen langen Zeitraum.

Solange es keine entzündungsfördernden Mediatoren gibt, die die Oxidation in der Gefäßwand starten, ist die Menge an Cholesterin im Blut nicht sehr wichtig, es sei denn, sie ist extrem hoch. Es ist sehr einfach, dieses Entzündungsprofil zu erfassen. Das Entzündungsprotein CRP kann in zwei Minuten mit einem kleinen Stich in den Finger mit einem einfachen Test gemessen werden. Auch die Messung der Aktivität der Enzyme, die Peroxide herstellen, wie Myeloperoxidase, ist nicht schwierig. Mit diesen beiden Messungen kann man eine sehr gute Langzeitprognose des Risikos von Koronarproblemen erstellen [113].

Wenn der CRP-Spiegel im Blut niedrig ist, macht es kaum einen Unterschied, ob das LDL-Cholesterin hoch oder niedrig ist. Bei einem hohen CRP-Wert wird hohes LDL lästig [114].

Im Falle eines relativ niedrigen CRP und eines sehr hohen Cholesterins aufgrund einer erblichen Veranlagung ist Handlungsbedarf gegeben. Es ist immer eine gewisse entzündliche Aktivität vorhanden und eine extrem hohe Konzentration erhöht das Risiko von oxidiertem Cholesterin.

Ein bisschen Entspannung, durch etwas Sport und 20 Minuten Meditation am Tag, in denen man nichts anderes tut als im Hier und Jetzt zu sein, ist auch äußerst nützlich für diesen Zweck. Darüber hinaus nicht rauchen, die Entzündungswerte überwachen und jede Entzündung behandeln. Diese einfachen Maßnahmen sind nicht so irrsinnig, wenn man Arteriosklerose kontrollieren will, ohne eine wandelnde Apotheke zu werden.

16

Schmerz, Fibromyalgie und Stress

Jeder weiß genau, was Schmerz ist, aber wie Schmerz empfunden wird, ist sehr variabel. Je nach Situation kann der Schmerz mehr oder weniger intensiv sein. Aber er wird auch von Person zu Person sehr unterschiedlich empfunden. Manchmal reagieren Menschen sehr stark auf den geringsten Schmerz. Oft haben diese Menschen auch eine ganze Reihe von Beschwerden wie schlechten Schlaf, Depressionen, Angstattacken, morgendliche Steifheit, Darmbeschwerden, chronische Müdigkeit und Schmerzen überall. Eine Sammlung von psychischen und körperlichen Beschwerden hat oft keine direkt identifizierbare Ursache, weshalb diese Menschen regelmäßig von einem Ort zum anderen geschickt werden mit Bemerkungen wie: „Es ist alles nur Einbildung". Dies liegt auch daran, dass in vielen Fällen bei diesen Menschen ernsthafte Kindheitstraumata eine Rolle spielen, mit dem Ergebnis, dass sie als „chronische Hypochonder" bezeichnet werden. Diese Diagnose ist nicht wirklich aufschlussreich, aber was kann man tun?

Lassen Sie uns ein wenig zurückgehen zu Kap. 13, wo wir, als einen Bestandteil der Beziehung zwischen Stress und Krankheit, auf die Auswirkungen von Entzündungen gestoßen sind. Die Entzündungsreaktion beginnt mit der Bildung des Inflammasoms. Dies ist ein Komplex aus verschiedenen Proteinen, der bei Aktivierung als Anlasser von Entzündungsprozessen fungiert und in fast jedem Gewebe gefunden werden kann. Dieser Komplex startet eine Entzündungsreaktion durch die Aktivierung einer Reihe von Entzündungsproteinen. Es gibt drei Wege, diesen Prozess zu starten.

P. J. A. Capel, *Die emotionale DNA*, https://doi.org/10.1007/978-3-662-71831-5_16

1. Eine echte mikrobielle Entzündung durch Bakterien, Viren, Pilze usw.
2. Eine sterile Entzündung durch beispielsweise mechanische Reizung
3. Alle Arten von Stress, einschließlich Kindheitstraumata

Über jeden dieser Wege kann ein Inflammasom gebildet werden und dieser Komplex kann eine Entzündung starten, wobei der Prozess leicht chronisch werden kann.

Da das Immunsystem über seine Entzündungsproteine direkt mit dem zentralen Nervensystem kommuniziert, steckt mehr dahinter als nur eine Entzündung zu starten. Eine der Reaktionen besteht darin, dass über diese Entzündungsproteine das Schlafzentrum im Gehirn aktiviert wird, was einen chronisch müde macht, selbst ohne jegliche körperliche Anstrengung. Stress oder Traumata können Entzündungen zum Beispiel in Muskeln, Gelenken oder im Darm mit allen damit verbundenen Symptomen auslösen, die in der Regel von Schmerzen begleitet werden. Durch die Verbindung zum Nervensystem treten neben Müdigkeit alle Arten von anderen psychischen Symptomen auf, wie Angst, Depression, schlechte Konzentration und Schlafstörungen.

Der Zustand, der auf diese Weise entsteht, wird als Fibromyalgie bezeichnet und dies ist eine Kombination von sehr unterschiedlichen Symptomen mit vielen Schmerzen [115]. Bevor wir die verschiedenen Aspekte der Fibromyalgie im Detail betrachten, müssen wir das Phänomen Schmerz weiter analysieren.

Es gibt eine Familie von Schmerzrezeptoren, die als säureempfindliche Ionenkanäle (ASICs 1a, 1b, 2a, 2b, 3 und 4) bezeichnet werden. „Säureempfindlich" bedeutet hier: „säuresensitiv", und diese Rezeptoren senden ein Signal aus, das das Gehirn als Schmerz wahrnimmt. Bei einer kleinen Änderung der Säurekonzentration, pH, wird dieses Signal verstärkt [116]. Viele Prozesse beeinflussen diese kleinen Variationen in der Säurekonzentration, einschließlich Entzündungen. Diese ASIC-Proteine befinden sich auf vielen Arten von Nervenzellen, sind aber als einzelne Moleküle inaktiv. Zunächst müssen drei dieser ASIC-Moleküle einen Komplex bilden, bevor sie ein wirkungsvolles Signal abgeben, das zu Schmerzen führt. Wasser hat einen neutralen pH-Wert und wenn der pH-Wert abnimmt, wird es als sauer bezeichnet. Wenn es steigt, nennen wir es alkalisch. Bei einem normalen pH-Wert im Blut und in den Geweben sind die meisten dieser ASIC-Rezeptoren in einem neutralen Zustand und daher inaktiv. Angenommen, Sie klopfen sich auf die Hand, dann werden Sie dieses Klopfen als etwas Mechanisches empfinden, aber es tut überhaupt nicht weh. Aber wenn Sie eine Verletzung haben, zum Beispiel eine Wunde, oder wenn Sie sich leicht verbrannt haben und Sie sich dann auf die gleiche Weise auf die Hand klopfen, kann das sehr weh tun. Dies liegt an der Reizung, Schädigung oder Entzündung, bei der drei ASIC-Rezeptoren einen trimeren Komplex gebildet haben, um aktiv zu werden, und in dieser Konfiguration geben sie dann ein Schmerzsignal ab. Sobald alle ASIC-Rezeptoren in die trimerische Form gebracht wurden, wird der Schmerz sehr intensiv. Es gibt eine Art Lautstärkeregler im Schmerzsystem, der unter normalen Umständen auf einem niedrigen Level bleibt. Neben dieser Verstärkung des Schmerzreizes kann auch die Anzahl der Rezeptoren aufgrund des erhöhten Entzündungsgrades ansteigen.

Weil in Zeiten von chronischem Stress eine Vielzahl von Stresshormonen den ganzen Körper in einen anderen Zustand versetzt, aktiviert dies im Gegenzug auch eine Rückkopplungsschleife, um diesen überhitzten Zustand wieder auf ein normales Niveau zu bringen. Zu diesem Zweck produziert der Körper etwas, das als Substanz P bezeichnet wird. Diese hemmt einerseits die Stressreaktion, hat aber andererseits die Eigenschaft, den Schmerzreiz zu erhöhen. Chronischer Stress verursacht die Produktion eines aktiven Inflammasoms, was den Entzündungsgrad erhöht, mit dem Ergebnis, dass die Schmerzrezeptoren aktiviert werden. Obwohl die Stressreaktion aufgrund der Produktion von Substanz P abnimmt, bleibt der Schmerz leider bestehen. Aber wenn Substanz P produziert wird, passiert noch etwas anderes. Es werden nicht nur mehr Schmerzrezeptoren auf den Nerven exprimiert, sondern das ganze Gebiet um die schmerzhafte Stelle herum verändert sich aufgrund der zusätzlichen Produktion von zwei sehr wichtigen Substanzen. Eine ist ein Wachstumsfaktor für Blutgefäße, der als VEGF bezeichnet wird. Der andere ist ein Faktor, der unter anderem neue Nerven schaffen kann, und dieser Faktor wird als BDNF bezeichnet. Durch die Wirkung von VEGF werden neue Blutgefäße gebaut, die den Blutfluss dauerhaft verändern. Das Blut wird von der Arterie geliefert und bildet ein Netzwerk von kleinen Verzweigungen im Gewebe, die sich in der Vene wieder zusammenfinden, nachdem das Blut zurück zum Herzen fließt. Bei Fibromyalgie-Patienten bildet VEGF neue Verbindungen zwischen der Arterie und der Vene und diese Abkürzungen können den gesamten Blutfluss in diesem Gewebe verändern. Diese deregulierte Zirkulation kann große Auswirkungen auf die Thermoregulation haben und als Ergebnis ist diesen Menschen zum Beispiel oft kalt. Die Sauerstoffversorgung ändert sich ebenfalls, wodurch einige Bereiche unter Sauerstoffmangel leiden, was sich in tiefem Schmerz und Müdigkeit äußert. Aber das Elend hört damit noch nicht auf. Der zweite Faktor, BDNF, schafft zusätzliche Nerven in diesen neuen Blutgefäßen, die auch zusätzliche Schmerzrezeptoren

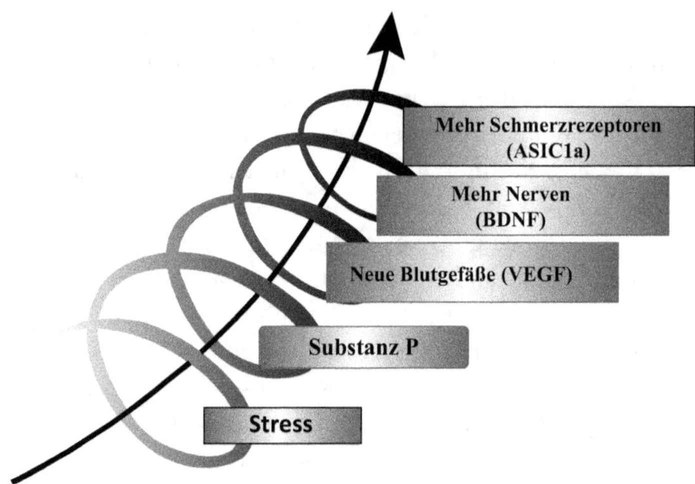

Abb. 16.1 Stress und psychisches Trauma an der Wurzel der Spirale in Fibromyalgie-Reaktionen. Chronischer Stress induziert Substanz P, die den Schmerzreiz erhöht und den Blutfluss im Gewebe verändert. Darüber hinaus werden neue Nerven mit vielen Schmerzrezeptoren gebaut

haben [117]. Dies schafft Bereiche mit der falschen Temperatur, die keine korrekte Sauerstoffversorgung haben, was zu einem Energiemangel führt, der oft von vielen Schmerz begleitet wird.

Es ist verständlich, dass Patienten mit Fibromyalgie ein sehr reales Problem haben, das von anderen Menschen selten verstanden wird, was bedeutet, dass sie zusätzlich zu ihrem körperlichen Elend auch als „Wehleidige" betrachtet werden. Abb. 16.1 zeigt die Spirale einer sich entwickelnden Fibromyalgie.

Als ob das alles nicht schon schlimm genug wäre, ist dieses Syndrom oft das Ergebnis von schweren Kindheitstraumata. Viele Studien zeigen, dass Stress in der frühen Kindheit zu einem späteren Zeitpunkt eine Reihe von Problemen verursacht, einschließlich erhöhter Sensibilität und chronischer Schmerzen [118]. Einflüsse von Stress und Schmerz in jungen Jahren können gut in Maus- oder Rattenmodellen untersucht werden. Wenn man die Welpen nach der Geburt 14 Tage lang für zwei Stunden am Tag von ihren Müttern trennt, sind sie fürs Leben gezeichnet. Wenn man sie ihren Müttern ganz wegnimmt, oder wenn sie sozial isoliert werden, erleiden diese Tiere sehr schwere Traumata. Solcher psychologischer Stress führt zu dauerhaften Veränderungen, sowohl in den Gehirnstrukturen als auch in den Hormonprofilen. Das Gleichgewicht von Geschlechts- und Stresshormonen hat sich verändert und auch an der DNA wurden epigenetische Veränderungen vorgenommen, was zulässt, dass die Jungen ihre Traumata in die nächste Generation übertragen [119].

Es ist klar, dass Fibromyalgie eine schwere Krankheit ist, für die es keine einfache Lösung gibt. Angesichts der Vielzahl von Problemen, die von Müdigkeit, falscher Temperaturregelung, Angstzuständen und Darmproblemen bis hin zu chronischen Schmerzen reichen, muss sichergestellt werden, dass Fibromyalgie-Patienten nicht einfach zu wandelnden Apotheken werden, sondern individuelle Behandlung und Unterstützung bei der Entwicklung des richtigen Lebensstils erhalten. Neben möglichen Medikamenten und psychologiebasierten Therapien ist es sehr wichtig, diese Erkrankung zu verstehen und nicht, durch grobe Inkompetenz, die gesamte Krankheit als lächerliches Klagen zu diagnostizieren.

17

Tumore und Stress

Die Anzahl der verschiedenen Tumorarten ist enorm. Darüber hinaus gibt es viele Variationen innerhalb einer Tumorart. Es läuft darauf hinaus, dass jede Person einen einzigartigen Tumor hat, aber das ändert nichts an der Komplexität. Innerhalb eines einzelnen Tumors gibt es verschiedene Arten von Tumorzellen. Die sogenannten Tumorstammzellen haben unterschiedliche Eigenschaften im Vergleich zur großen Anzahl von Nachkommen dieser Zellen, die den Großteil des Tumors ausmachen. Im Laufe der Zeit treten neue Mutationen in der DNA auf, was zu unzähligen potenziellen Veränderungen innerhalb eines Tumors führt.

Trotz dieser enormen Vielfalt gibt es immer noch einen großen gemeinsamen Nenner. Krebs wird durch eine Reihe von Mutationen in der DNA verursacht, die zusammen dazu führen, dass das normale, kontrollierte Zellwachstum in unkontrolliertes Wachstum umgewandelt wird.

Mutationen sind die Wurzel des Krebses, aber woher kommen sie? Und sind alle Mutationen schlecht? Nein, überhaupt nicht. Mutationen sind die treibende Kraft hinter allen evolutionären Entwicklungen. Ohne Mutationen gäbe es kein Leben auf der Erde. Von Anfang an mussten diese frühen Lebensformen sich an die Veränderungen auf der Erde anpassen. Die Lebenssoftware 1.0, die in der DNA-Form aufgezeichnet wurde, musste auf 1.1 aktualisiert werden und von dort aus auf höhere Formen. Dies geschah durch zufällige Mutationen. Die meisten dieser Mutationen wurden nicht aufgezeichnet und als Ergebnis verschwanden die Zellen, die sich nicht korrekt anpassen konnten, von der Bühne. Um die Überlebenschancen zu erhöhen, konnten Zellen

© Der/die Autor(en), exklusiv lizenziert an Springer-Verlag GmbH, DE, ein Teil von Springer Nature 2026
P. J. A. Capel, *Die emotionale DNA*, https://doi.org/10.1007/978-3-662-71831-5_17

sexuell werden und erhielten durch den Austausch von DNA zusätzliche Überlebensmöglichkeiten. Mutationen sind daher von entscheidender Bedeutung, aber weil dieser Prozess willkürlich ist, können die Ergebnisse von Mutationen nicht vorhergesagt werden. Daher muss danach eine harte Selektion betrieben werden.

Was treibt diese Mutationen an? Zunächst gibt es spontane Prozesse, die Änderungen am Buchstabencode vornehmen. Jede Zellteilung erfordert die Übertragung all dieser Milliarden von Zeichen und es können Fehler auftreten. Nach der Verdopplung der DNA wird sie korrigiert und die Fehler werden repariert. Obwohl dies ein sehr effizienter Prozess ist, gibt es immer Fehler, die durch die Maschen fallen, was eine Veränderung der DNA bedeutet.

Es gibt einen weiteren spontanen Prozess und der wird als Quantentunneln bezeichnet. Dies ist eines der Wunder der Quantenmechanik. Dieser Zweig der fundamentalen Physik beschreibt die wunderbare Welt der kleinsten Partikel und auf diesem Gebiet passieren Dinge, die unsere Logik nicht begreifen kann. Eines der seltsamen Phänomene ist, dass zum Beispiel ein Wasserstoffatom eine Barriere durchquert, die es normalerweise nicht durchqueren kann. Dies ist ungefähr so, als würden Sie mit Ihrem Auto in eine Betonwand fahren und unversehrt auf der anderen Seite aussteigen. Die Wasserstoffatome in der DNA halten die beiden Ketten zusammen, um die Doppelhelix zu bilden (siehe Abb. 4.2). Hin und wieder geht ein solches Wasserstoffatom auf „Wanderschaft", mit einer Beweglichkeit, von der Spiderman etwas lernen könnte; dann macht es das Unmögliche möglich und landet auf der anderen Helix, was zu einer veränderten DNA führt. Für die echten Hartgesottenen ist der folgende Artikel mit dem Titel „Quantum Tunneling to the origin and Evolution of Life" sehr empfehlenswert [120].

Quantentunneln ist nicht nur für DNA-Mutationen verantwortlich, sondern steht am Ursprung vieler Lebensprozesse und wahrscheinlich auch der Entstehung des Lebens selbst. Neben spontanen Mutationen können auch DNA-Schäden zu Mutationen führen. DNA kann durch Strahlung bestimmter Wellenlängen, wie UV, beschädigt werden und auf diese Weise ausreichend Energie erhalten, um chemische Bindungen innerhalb der DNA zu zerstören. Strahlung mit einer noch kleineren Wellenlänge, und somit mit noch mehr Energie, zerstört die DNA vollständig. Es ist nicht so sehr die Menge der Strahlung, die wichtig ist, sondern die Wellenlänge, die bestimmt, ob Mutationen auftreten können. Es ist bemerkenswert, dass das „Solarium" mit all seiner UV-Strahlung ein gesellschaftlich akzeptiertes Verfahren ist, obwohl es einen hohen Grad an DNA-Schäden verursacht. Es verleiht Ihnen zwar eine Bräune, aber die Pigmentierung ist die Abwehr des Körpers gegen Hautkrebs. Währenddessen werden Mobiltelefone, die eine viel niedrigere

Wellenlänge verwenden und daher keine DNA-Schäden verursachen können, oft mit Misstrauen betrachtet.

DNA-Schäden können auch auf chemischem Weg verursacht werden. Es gibt jede Menge Substanzen, die die DNA schädigen und zu Mutationen führen können. Eine hohe Anzahl von Schäden erhöht die Chance, dass die DNA-Reparaturmaschine einen Fehler macht und eine dauerhafte Mutation auftritt. Obwohl Mutationen für die Evolution sehr nützlich sind, müssen sie innerhalb bestimmter Grenzen gehalten werden. Eine hohe Anzahl von Mutationen erhöht die Chance, dass eine solche Veränderung innerhalb der Wachstumsumgebung stattfindet, was dazu führt, dass eine Zelle verwirrt wird und ein Tumor entsteht. Die Sammlung von Chemikalien, die Krebs verursachen können, wird als Karzinogene bezeichnet. Diese Substanzen sind in unserer Gesellschaft oft sehr beliebt. Nehmen Sie Zigaretten, denen 599 verschiedene Substanzen hinzugefügt werden, um unsere Sucht aufrechtzuerhalten.

Diese Substanzen wurden als Lebensmittelzusatzstoffe getestet, aber wenn sie verbrannt werden, entstehen andere Verbindungen. Von diesen 599 offiziell zugelassenen Müllprodukten sind 69 nach der Verbrennung krebserregend. Neben aggressiven Substanzen gibt es auch Karzinogene, die nichts tun und völlig träge sind, wie Asbest, und dennoch können sie Tumore verursachen. Asbest hat eine nadelartige Kristallstruktur und reagiert nirgendwo, weshalb seine Nutzung so beliebt war. Wenn Sie Asbestpartikel einatmen, durchstechen diese die obere Schicht der Lungen und nisten sich dort ein. Das Immunsystem empfindet diese seltsamen Kristalle als unangenehm und schickt Makrophagen aus, die den Kristall aufnehmen und versuchen, ihn abzubauen (Abb. 17.1). Zu diesem Zweck verwenden sie starke oxidierende Substanzen wie Peroxide und Perchlorate. Aber leider kann Asbest alles aushalten und schließlich stirbt der Makrophage und der nächste übernimmt. Über Jahre hinweg wird diese lange Reihe von Makrophagen durch die Asbestkristalle gereizt und alle aggressiven Substanzen, die sie herstellen, schädigen die DNA-Umgebung und verursachen Mutationen, die schließlich Krebs verursachen können.

Es gibt drei Bereiche, die bei der Entwicklung und beim Verlauf von Krebs wichtig sind. In Bezug auf den Ursprung ist die Häufigkeit der auftretenden Mutationen wichtig, ebenso wie die Stärke des DNA-Reparatursystems, das den gesamte Komplex von Mechanismen umfasst und Fehler in der DNA repariert. In Bezug auf den Verlauf einer Tumorerkrankung sind die Wachstumsmöglichkeiten in einem Gewebe wichtig, wie zum Beispiel der Blutfluss, aber auch die Wirksamkeit des Immunsystems bei der Bekämpfung des Tumors. Der Prozess von der mutierten Zelle zum Tumorwachstum und zur Stresssensibilität ist in Abb. 17.2 dargestellt.

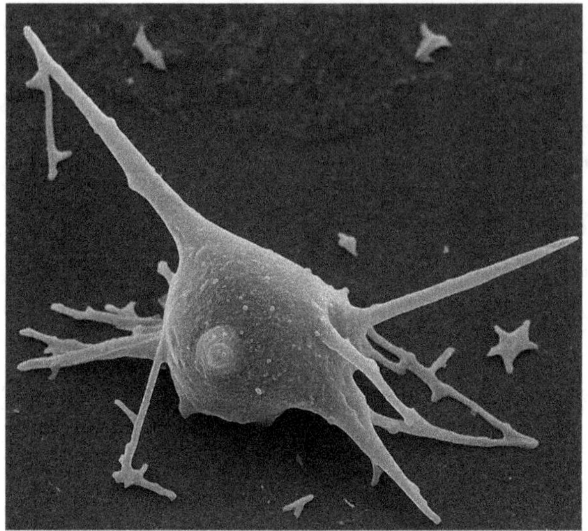

Abb. 17.1 Ein Makrophage, der versucht, den aufgenommenen Asbestkristall abzubauen. (Generiert mit ChatGPT)

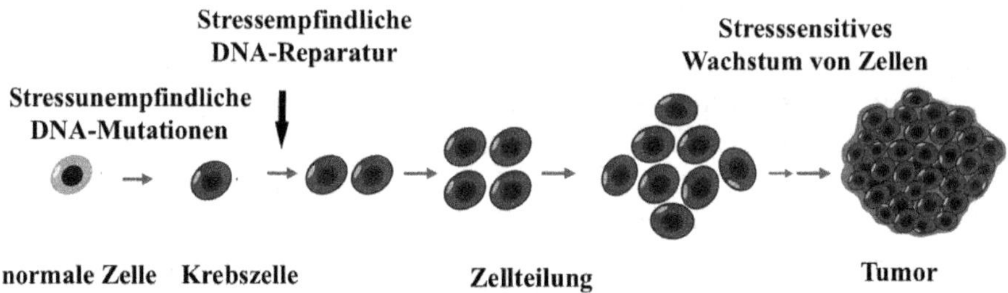

Abb. 17.2 Stress und die Entwicklung eines Tumors aus einer mutierten Zelle.
(Shutterstock)

Wo spielt Stress eine Rolle bei der Entwicklung und beim Verlauf von
Krebs? Mutationen stehen am Anfang der Krebsentstehung. Wie eine Muta-
tion verursacht wird, ob durch Strahlung, chemische Reaktionen oder spon-
tan, ist an sich nicht so wichtig. Es ist jedoch wichtig zu wissen, mit welcher
Häufigkeit diese Mutationen auftreten und wie gut die aufgetretenen Fehler
repariert werden können. Stress hat keinen Einfluss auf das Auftreten von
Mutationen. Wenn zum Beispiel in Tschernobyl auf sehr entspannte Weise
Strahlung auf Sie einwirkt, wird die Chance auf Mutationen nicht kleiner.
Nachdem eine Mutation aufgetreten ist, kann das DNA-Reparatursystem den
Betrieb aufnehmen. Dieses System ist sehr komplex. Wenn man alle Formen

von Reparaturen zusammen betrachtet, ist es ein sehr effektives System zur Entfernung von Mutationen und somit zur Verhinderung von Krebs.

Um herauszufinden, wie effektiv das DNA-Reparatursystem bei der Verhinderung von Krebs ist, muss man die Wirkung eines bekannten Karzinogens messen, sobald man das System ausgeschaltet hat. Das DNA-Reparatursystem, das den Schaden der UV-Strahlung oder des in Zigarettenrauch enthaltenen krebserregenden DMBA reparieren kann, kann bei Mäusen ausgeschaltet werden. Diese Mäuse entwickeln sehr schnell Tumore bei einer karzinogenen Dosis, die 100 bis 1000 Mal niedriger ist als bei einem intakten Reparatursystem [121]. Dies zeigt die Bedeutung des DNA-Reparatursystems bei der Krebsprävention.

Ein sehr wichtiger Faktor bei der Zellteilung ist das Protein P53. Dieses Protein stellt sicher, dass bei Fehlern in der DNA die Zellteilung gestoppt und der Fehler repariert wird. Geschieht dies nicht innerhalb eines bestimmten Zeitraums, wird die Zelle über einen Mechanismus, der Apoptose genannt wird, zum Selbstmord gezwungen. Wenn also eine Mutation eine Zelle in eine Krebszelle verwandeln könnte, kann P53 die Zellteilung stoppen und die Zelle zerstören.

Es gibt zwei Wege, auf denen P53 weniger aktiv oder gar inaktiv wird, was die Entwicklung von Krebs fördert. Zuerst gibt es die Mutation im Gen für P53 selbst. Aufgrund einer solchen Mutation kann dieses Protein nicht mehr richtig funktionieren, was die Krebszelle entkommen lässt. Bevor eine Zelle zu einer Krebszelle werden kann, müssen gleichzeitig eine Reihe von Mutationen in dieser Zelle vorliegen. Eine dieser häufigen Mutationen liegt im Gen, das P53 kodiert. Im Falle von Lungenkrebs hat P53 in 70 % der Fälle mutiert und bei einigen Hauttumoren hat es sogar in 80 % mutiert. Eine andere Gruppe von Mutationen in Krebszellen findet sich oft im Apoptose-Mechanismus, was der Zelle erlaubt, ihrem obligatorischen Selbstmord zu entkommen. Häufig gibt es auch Mutationen in den Genen, die mit dem Wachstum in Zusammenhang stehen.

Kurz zurück zu P53. Sobald die Funktion dieses Proteins abnimmt, kann eine Zelle mit DNA-Schäden leichter entkommen, wodurch das Risiko erhöht wird, dass eine Zelle zu einer Krebszelle wird.

Eine Mutation in P53 kann zu einer reduzierten Funktionalität führen, aber wenn die Menge an P53 in einer Zelle abnimmt, steigt das Krebsrisiko. Hier kommt wieder der chronische Stress ins Spiel. Die Familie, zu der Adrenalin gehört, wird als Katecholamine bezeichnet. Diese Katecholamine reduzieren den P53-Gehalt, was das Krebsrisiko erhöht [122]. Abgesehen von seinem Einfluss auf die Tumorbildung hat chronischer Stress, über Katechol-

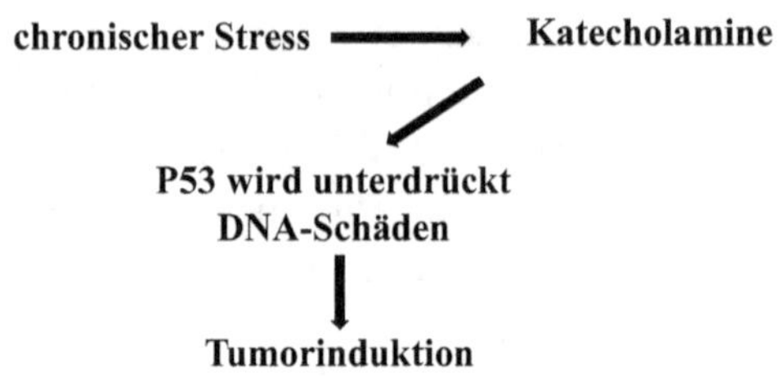

Abb. 17.3   Unterdrückung von P53 durch stressinduzierte Katecholamine

amine, eine Vielzahl anderer unerwünschter Effekte. Ein häufigeres Auftreten von DNA-Schäden kann zu Fehlgeburten [123], neuropsychiatrischen Störungen und beschleunigter Alterung führen [124]. Dieser Prozess ist in Abb. 17.3 schematisch dargestellt.

Es ist eine große Anzahl von Mutationen nötig, bevor eine Zelle schließlich zu einer Tumorzelle wird. Aber sobald dies geschehen ist, wird der weitere Verlauf des Tumorwachstums durch eine Menge anderer Faktoren bestimmt. Chronischer Stress hat einen erheblichen Einfluss auf die Entwicklung eines Tumors. Einer der Transkriptionsfaktoren, der infolge von chronischem Stress deutlich aktiver wird, ist NF-κB, wie wir in Kap. 6 gesehen haben. Bei der großen Anzahl von Genen, die von NF-κB kontrolliert werden, ist auch das Gen für den Wachstumsfaktor für Blutgefäße, VEGF genannt, vorhanden. VEGF kümmert sich um die Erhaltung von Blutgefäßen, aber auch um den Bau neuer Gefäße. Im Falle von Stress wird durch die Wirkung von NF-κB mehr VEGF produziert. Tumorzellen können dies mit großem Vergnügen nutzen, denn wenn neue Blutgefäße gebaut werden, bekommt der Tumor mehr Sauerstoff und Nährstoffe und kann erheblich wachsen. Die Ratten in Kap. 1, die durch einsame Unterbringung gestresst waren, bekamen durch diesen Mechanismus Tumore, die 80 Mal größer waren als bei den Ratten ohne Stress. Wir sahen bei diesen Tieren auch, dass der Tumor durch Einsamkeit bösartig wurde und zu streuen begann. Wenn eine Tumorzelle streut, muss sie sich zuerst vom bestehenden Gewebe lösen und dann durch Lymphgefäße oder den Blutkreislauf wandern, um sich in neuem Gewebe anzusiedeln.

Im Allgemeinen sollten Zellen im Körper nicht wandern, sondern innerhalb ihres eigenen Gewebes bleiben. Zellen sind auf vielfältige Weise miteinander verbunden und innerhalb eines Gewebes sorgen Adhäsionsmoleküle dafür, dass sie ordentlich an ihrem Platz bleiben. Stellen Sie sich vor, eine gesunde Zelle leidet unter Angst, packt ihren Rucksack, löst sich von ihrer eigenen Umgebung und geht. Wenn dies ohne Konsequenzen geschehen könnte, könnte sich eine Zelle aus der Leber, zum Beispiel, fröhlich ins Gehirn integrieren. Die gesamte Struktur unseres Körpers würde sich immer weiter auflösen, wenn Zellen diese Freiheit zur Migration hätten. Jede Zelle, die sich unrechtmäßig von ihrem Gewebe löst, stirbt sofort, denn durch das Loslassen wird durch Apoptose der Prozess des Selbstmords eingeleitet. Ist der Apoptose-Mechanismus in einer Tumorzelle intakt, kann sie sich nicht ausbreiten und daher gibt es in bösartigen Tumoren fast immer Mutationen in den Apoptose-Genen. Die Apoptose muss richtig reguliert werden, und deshalb gibt es auch ein System, das die Apoptose hemmt. Dieses Gleichgewicht in Aktivierung und Hemmung der Apoptose kann durch Stress gestört werden. Wenn zusätzliche Antiapoptose-Faktoren über NF-κB gebildet werden, kann eine Zelle sich ohne Konsequenzen von einem Gewebe lösen. Wenn sich jedoch eine solche Tumorzelle in einem anderen Gewebe ansiedeln soll, muss sie mit anderen Adhäsionsmolekülen versehen werden, die für das neue Gewebe geeignet sind. Und Sie verstehen bereits: NF-κB kontrolliert auch die Familie der Adhäsionsmoleküle und NF-κB kann das Enzym Telomerase einschalten. Telomerase, wie in Kap. 9 besprochen, verlängert die Enden der Chromosomen, die durch Teilung immer kürzer werden. Ohne Telomerase kann sich eine Zelle nur wenige Male teilen und stirbt dann. Damit eine Tumorzelle sich unendlich teilen kann, benötigt sie Telomerase. Über NF-κB hilft chronischer Stress einer Tumorzelle, leichter zu überleben, aber es liefert auch alle Arten von zusätzlichen Wachstumsfaktoren [125].

Abb. 17.4 zeigt den Effekt von chronischem Stress auf die Tumorentwicklung in schematischer Form.

Zusammenfassend kann das Anfangsstadium eines Tumors spontan ohne Ursache auftreten, es kann aber auch eine Ursache geben, wie Strahlung oder Karzinogene. Sobald Mutationen in empfindlichen Bereichen der DNA aufgetreten sind, kann der Prozess der Tumorbildung beginnen. Bevor dies geschieht, wird der DNA-Reparaturmechanismus in den meisten Fällen diese

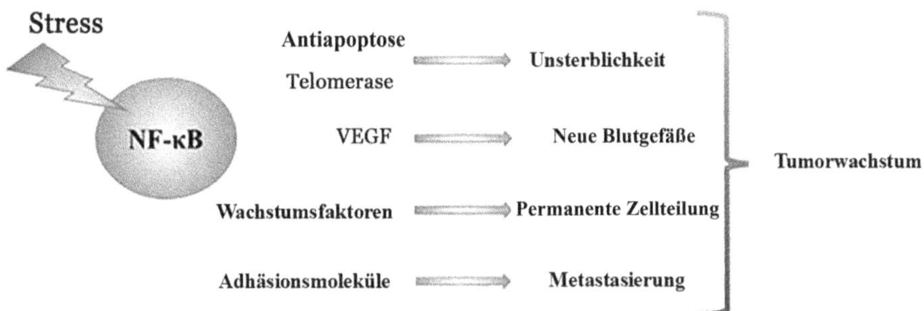

Abb. 17.4 Stress erhöht NF-κB-Aktivität und den Verlauf des Tumorwachstums

Mutation reparieren und die Zelle normalisiert sich. Ist eine Reparatur nicht möglich, wird die Zelle gezwungen, durch Apoptose Selbstmord zu begehen. Das Protein P53 spielt sowohl bei der Reparatur als auch bei der Veranlassung zur Apoptose eine wichtige Rolle. Der Übergang von einer normalen Zelle zu einer Krebszelle wird deutlich wahrscheinlicher, wenn P53 nicht in der Lage ist, seine Aufgabe zu erfüllen. Dies ist entweder das Ergebnis einer Veränderung in P53 selbst oder weil chronischer Stress die Aktivität von P53 reduziert hat. Einmal gebildet, kann die Krebszelle sich so verändert haben, dass sie vom Immunsystem erkannt wird. Die Zelle wird dann entfernt. All diese Schutzmechanismen zusammen sorgen dafür, dass eine Zelle nur in seltenen Fällen die Verteidigungslinien durchbricht. Wenn dies geschieht, müssen eine Reihe von Bedingungen erfüllt sein, damit sie sich schließlich zu einem bösartigen Tumor ausformen kann. Die Zelle dürfte dann nicht nach einer gewissen Anzahl von Teilungen sterben, sondern müsste durch Deaktivierung des Apoptose-Mechanismus und Verhinderung der Verkürzung der Chromosomen entkommen. Neben Mutationen in den an der Apoptose beteiligten Genen kann auch chronischer Stress hierzu beitragen. Die durch Stress erhöhte NF-κB-Aktivität verbessert nicht nur die Bedingungen für ein schnelleres Wachstum eines Tumors, sondern stärkt auch seine Fähigkeit, sich im Körper auszubreiten.

Wieder einmal ist Entstressen gar nicht so schlecht.

18

Depression und Stress

Wenn man über die Anzahl der depressiven Menschen nachdenkt, könnte man fast selbst depressiv werden. In den Niederlanden nehmen 6 % der Bevölkerung Antidepressiva, das entspricht etwa 1,1 Millionen Menschen, zwei Drittel davon sind Frauen. Global betrachtet zeigt eine Studie der Weltgesundheitsorganisation, dass Depression auf dem „Disability-adjusted-life-years"-Index an erster Stelle steht. Dieser Wert besteht aus der Gesamtzahl der Jahre, die durch vorzeitigen Tod verloren gehen, und der Anzahl der Jahre, die man mit einer Krankheit lebt. Das direkt durch Depression verursachte Leid ist groß. Depression beeinflusst den Verlauf anderer Krankheiten, die wiederum den Verlauf der Depression beeinflussen, was sie zu einer Art Strudel macht, der einen hineinzieht. Ein Beispiel dafür ist Typ-2-Diabetes. Bei dieser Krankheit besteht eine doppelt so hohe Chance, an Depression zu erkranken, und bei Depression besteht eine 60 %-ige Chance, Typ-2-Diabetes zu entwickeln.

Depression ist eng mit der Wirkung von Neurotransmittern, wie Serotonin und Dopamin, in bestimmten Gehirnregionen verbunden. Diese Neurotransmitter gehören zur Familie der Monoamine und ein Mangel dieser Substanzen im Gehirn führt zu depressiven Gefühlen.

Neurotransmitter sind notwendig, um das elektrische Signal von einer Nervenzelle zur anderen zu übertragen. Zwischen zwei Nervenzellen gibt es eine kleine Lücke, die Synapse, die das elektrische Signal nicht überwinden kann. Um die Nervenzelle auf der anderen Seite der Lücke elektrisch zu stimulieren, muss so etwas wie ein Kurier die Lücke überqueren, um den Strom auf der anderen Seite wieder an das Kabel anzuschließen. Zu diesen Kurieren

P. J. A. Capel, *Die emotionale DNA*, https://doi.org/10.1007/978-3-662-71831-5_18

gehören Serotonin und Dopamin und bei einem Mangel dieser Substanzen können Nervenzellen in den betroffenen Gehirnregionen nicht mehr richtig miteinander kommunizieren und es kommt zu Fehlfunktionen.

Die Wirkung von Antidepressiva basiert auf der effizienteren Nutzung dieser Neurotransmitter, was bedeutet, dass die Defizite weniger schwerwiegende Auswirkungen haben. Dies kann dadurch erreicht werden, dass ein Abbau der Neurotransmitter verhindert wird oder dass sie länger funktionsfähig in der Lücke verbleiben. Obwohl Antidepressiva in 60 bis 80 % der Behandlungen wirken und die depressiven Zustände minimieren, kann es Wochen dauern, bis sich diese Effekte zeigen. Dies ist ein starkes Indiz dafür, dass mehr dahintersteckt als nur ein Ungleichgewicht der Neurotransmitter. Und wenn dieses Ungleichgewicht tatsächlich Depression erklärt, wie entsteht es?

Um ein besseres Bild von Depression zu bekommen, müssen wir uns eine Weile auf eine biomedizinische Achterbahnfahrt begeben. Wenn man die wissenschaftliche Literatur betrachtet, gibt es eine Vielzahl von Krankheiten und Zuständen, die für das Auftreten von Depression verantwortlich sein können. Auf den ersten Blick scheinen es völlig unterschiedliche Ansätze für das Problem zu sein, daher werden wir diese genauer betrachten.

Depression als metabolisches Problem

Wir beziehen all unsere Energie aus unserer Nahrung und in der Kette von Nahrungsaufnahme und Umwandlung in nutzbare Komponenten und Energiequellen spielen unzählige Systeme eine Rolle. Wie wir in Kap. 9 gesehen haben, besteht eine direkte Verbindung zwischen dem Darm und dem Gehirn. Hormone, die unseren Stoffwechsel regulieren, wie Insulin, Leptin, Ghrelin und nicht zu vergessen unser eigenes Cannabissystem, spielen nicht nur eine wichtige Rolle in unserem Stoffwechsel, sondern steuern auch unsere Stimmungen und unsere depressiven Empfindungen. Nehmen wir Cannabis, nicht die Joint, sondern unser hausgemachtes Produkt, das offiziell als Endocannabinoid-System bezeichnet wird. Es beeinflusst nicht nur unsere Gefühle und viele Gehirnfunktionen, sondern fügt auch viele metabolische Funktionen hinzu. Unser eigenes Cannabis interagiert mit Fettzellen, Leberzellen, Muskelzellen, Zellen im Darm und in der Bauchspeicheldrüse und deshalb besteht ein Zusammenhang mit Fettleibigkeit, Arteriosklerose und Diabetes. Um es noch einfacher zu machen, besteht auch eine Verbindung zwischen den Endocannabinoiden und dem Immunsystem, dem Gedächtnis, der Fortpflanzung, der Bildung neuer Nerven im Hippocampus (dem emotionalen Gedächtnis), den Neurotransmitterfunktionen, dem Essverhalten, Schmerzen, Schlaf, Temperaturregulation, dem autonomen Nervensystem, Ängsten, sozialem Verhalten und, nicht zu vergessen, der Stressreaktion.

Eine weitere Substanz aus dem Verdauungssystem ist Leptin. Auch hier können wir eine lange Liste von Wechselwirkungen aufstellen, aber abgesehen von seiner großen Bedeutung für die Verdauung ist eine der Funktionen, dass es die Dopaminsynthese hemmen kann und dass es alle Arten von dopaminabhängigen Nerven beeinflusst. Wir können auch eine lange Liste über Ghrelin aufstellen, ganz zu schweigen von all den Funktionen von Insulin. Sowohl Ghrelin als auch Leptin haben eine direkte Wirkung auf emotionale Störungen. Die Ansammlung von Faktoren wie Endocannabinoiden, Leptin, Ghrelin und Insulin sind alle eng mit unserem Stoffwechsel und unserer Energieverwaltung verbunden. Wenn die Standardeinstellungen diese Faktoren ändern, werden nicht nur unsere Energiebilanz und die damit verbundenen Stoffwechselprozesse verändert, sondern aufgrund der Darm-Gehirn-Verbindung wird es auch eine direkte Wirkung auf Stimmungen, Angst und Depression geben.

Aber wer spielt mit den Knöpfen der Standardeinstellungen? Sie haben es vielleicht schon erraten: chronischer Stress, der mit all seinen Stresshormonen einen direkten Einfluss auf all diese Mechanismen hat. Wir sind noch nicht fertig mit der Darm-Depression-Achterbahnfahrt. Wir können Tryptophan nicht selbst herstellen und da dies der Rohstoff für viele wichtige Substanzen ist, einschließlich des Neurotransmitters Serotonin, sind wir auf unsere Darmbakterien angewiesen, die bei der Tryptophan-Metabolisierung helfen. Diese Bakterien liefern nicht nur einen Teil der Tryptophan-Aktivität, sondern stellen auch den größten Teil unseres Serotonins her, dem Neurotransmitter, der so wichtig gegen Depression ist! Darüber hinaus produzieren sie viele weitere neurologisch wichtige Substanzen. Die Zusammensetzung unserer Darmflora ist daher sehr wichtig, kann sich aber aufgrund von psychischem Stress verändern und den Beginn einer Depression verursachen.

Wenn wir all diese Stoffwechselprozesse betrachten, können wir auch den Rückgang von Neurotransmittern wie Serotonin und Dopamin erklären, der zu Depression führt und somit auch den Zusammenhang mit Fettleibigkeit, Typ-2-Diabetes und dem metabolischen Syndrom. Depression wird manchmal als metabolisches Syndrom Typ 2 bezeichnet.

Neben einer Störung in den Stoffwechselprozessen besteht auch ein Zusammenhang zwischen Depression und Mangel an verschiedenen Vitaminen, essenziellen Fettsäuren und Mineralien. Defizite werden oft in der Menge an

Folsäure (Vitamin B11) und in den Vitaminen B6 und B12 gefunden. Durch die Verabreichung dieser Vitamine wird das Risiko eines erneuten Auftretens von Depression um 50 % reduziert, gemessen über einen Zeitraum von sieben Jahren. Im Bereich der mehrfach ungesättigten Omega-3-Fettsäuren ist auch die Wirkung von Eicosapentaensäure, EPA, groß und genug von dieser Fettsäure hat eine positive Wirkung auf Depression. In diesem Zusammenhang ist es daher nicht überraschend, dass eine Ernährung mit einer ausreichenden Menge dieser Substanzen eine günstige Wirkung auf die Prävention von Depression hat.

Depression als neuro-modulatorische Störung

Es ist offensichtlich, dass bei Menschen, die an Depression leiden, etwas mit der Wirkung von Monoaminen, wie den Neurotransmittern Serotonin und Dopamin, nicht stimmt. Die viele Jahre alte Monoamin-Hypothese als Ursache für Depression basiert darauf. Aber es gibt viel mehr als ein Ungleichgewicht in den Monoaminen, das nur ein Teil des Prozesses ist, der zur Depression führt. Viele Faktoren können die anatomische Struktur von Nervenzellen während einer Depression verändern. Funktionen von Gehirnregionen können nicht nur verändert werden, sie können auch größer oder kleiner werden.

Wir werden uns auf drei Faktoren beschränken, den Brain-Derived Neurotrophic Factor (BDNF), den Glutamat-Rezeptor (NMDA-Rezeptor) und Gamma-Aminobuttersäure (GABA). BDNF ist der Wartungsingenieur der Nervenzellen, der NMDA-Rezeptor ist der Beschleuniger, der auf Glutamat reagiert, und GABA ist die Bremse. Diese Faktoren werden hauptsächlich im zentralen Nervensystem produziert, aber das Immunsystem, ganz zu schweigen vom Darm, trägt ebenfalls erheblich zur endgültigen Wirkung dieser Faktoren bei.

Wenn die BDNF-Aktivität zu niedrig ist, werden Nervenzellen nicht ausreichend gewartet, wodurch sie in ihrer Funktion nachlassen und ihre Struktur verändern. Die Anzahl der Verzweigungen und Kontakte über Synapsen nimmt drastisch ab, ebenso wie die Gesamtzahl der Nervenzellen, was die Größe von Gehirnregionen verkleinern kann, siehe Abb. 18.1. Ist die Konzentration zu hoch, passiert das Gegenteil.

Im Falle einer Depression ist BDNF im präfrontalen Kortex und im Hippocampus gesenkt, während es im Nucleus accumbens und in der Amygdala erhöht ist. Es gibt auch Verschiebungen im Gleichgewicht zwischen der akti-

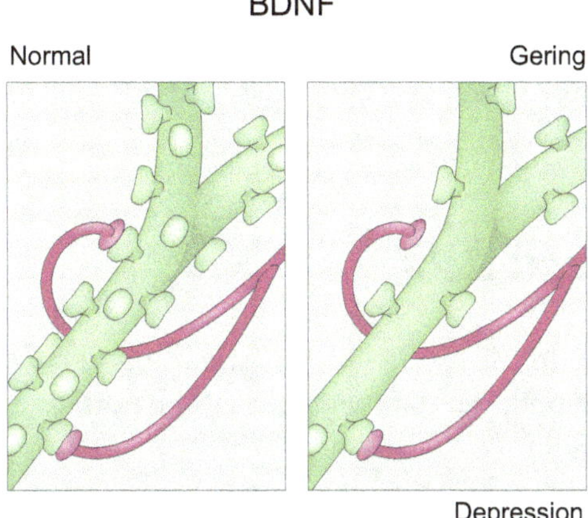

Abb. 18.1 Die Wirkung von BDNF auf die Struktur von Nervenzellen und die Anzahl der Synapsen. (Verändert aus Berton, O., Nestler, E. New approaches to antidepressant drug discovery: beyond monoamines. Nat Rev Neurosci 7, 137–151 (2006). https://doi.org/10.1038/nrn1846)

vierenden Wirkung des NMBA-Rezeptors und der Hemmung durch GABA in diesen Bereichen.

Glutamat, das wir als Geschmacksverstärker E621–E625 kennen, ist ein sehr wichtiger Neurotransmitter, der mit dem NMBA-Rezeptor reagiert. Diese Substanz wirkt als starker Nervenaktivator. Glutamat ist so stark, dass die Menge an freiem Glutamat sehr stark reguliert wird. Deshalb verhindert die Blut-Hirn-Schranke, dass Glutamat frei ins Gehirn gelangt. Das Glutamat im Gehirn wird aktiv in die Zellen gepumpt und nur ein kleiner Prozentsatz von Glutamat darf als Neurotransmitter außerhalb der Zellen wirken. Ist die Konzentration ein wenig zu hoch, läuft alles aus dem Ruder und führt zum Beispiel zum Beginn von Depressionen und Stimmungsschwankungen, und es wird auch giftig für die Nerven.

Neben der aktivierenden Wirkung von Glutamat gibt es auch eine hemmende Wirkung von GABA und diese beiden Faktoren halten sich gegenseitig in Balance, wobei Störungen in dieser Balance sogar zu Schizophrenie führen können [133]. Das Glutamat-GABA-Verhältnis hat einen direkten Einfluss auf unsere Emotionen und Gefühle, und sobald dieses Gleichgewicht verschoben wird, ändern sich unsere Stimmungen. Jeder Mensch hat im Laufe seines Lebens ein Päckchen an Emotionen geschnürt, aber das Wiedererleben dieser Emotionen wird durch die Hemmung durch GABA ordentlich eingedämmt. Aufgrund der Tatsache, dass Alkohol das GABA-System hemmt, kommen beim Trinken alle möglichen Emotionen zum Vorschein. Basierend auf all diesen Daten ist es verständlich, dass Stimmungsstörungen, die von Überanstrengung, Depression, Psychose bis hin zu Schizophrenie reichen, größtenteils auf Störungen des Glutamat-GABA-Gleichgewichts zurückzuführen sind.

Depression und Licht

Wir haben gerade drei Hypothesen zur Erklärung von Depression gesehen; die Monoamin-Hypothese, die metabolische Hypothese und die Glutamat-GABA-Hypothese.

Wenn wir uns die Entwicklung von Depressionen durch anhaltende Dunkelheit im Winter ansehen, spielt auch Licht eine Rolle bei Depressionen. Tatsächlich gibt es ein weiteres Gleichgewicht in diesem Spiel und das ist die Lichtempfindlichkeit. Ein Organ im Gehirn, die Epiphyse, auch Zirbeldrüse genannt, hat eine Nervenverbindung mit dem Auge, durch die vom Licht bestimmt werden kann, wie viel Serotonin in der Epiphyse in Melatonin umgewandelt wird. Melatonin bestimmt nicht nur unseren Schlafrhythmus, sondern hat auch einen großen Einfluss auf Depression und Schizophrenie. Licht ist auch direkt an der Synthese von Vitamin D beteiligt und Vitamin D wiederum hat einen Einfluss auf Depression und Angststörungen. Die Menge an Tageslicht spiegelt sich auch in der Menge an BDNF im Blut wider und hängt daher von der Jahreszeit ab. Wahrscheinlich kennt jeder jemanden, der trübsinnig wird, wenn die Blätter fallen.

Depression und epigenetische Prozesse

Nun haben wir bereits vier verschiedene Gleichgewichte, bei denen eine Störung zur Depression führen kann. Ein weiteres Ungleichgewicht kann im Bereich der Epigenetik gefunden werden, die es ermöglicht, Gene selektiv zu blockieren.

Emotionen erzeugen allerlei Veränderungen in den Faktoren und Prozessen, die durch das Stresssystem Depressionen verursachen. Kindheitstraumata können auch im späteren Leben zu Depressionen führen. Wie ist es möglich, dass ein Echo der Vergangenheit einen solchen direkten Einfluss auf die Gegenwart hat?

Wie wir bereits gesehen haben, besitzt jede Zelle alle genetischen Informationen, aber verwendet wird nur der Teil, der speziell von dieser Zelle benötigt wird, und dies wird hauptsächlich von Transkriptionsfaktoren gesteuert. Gene können auch vorübergehend oder dauerhaft blockiert werden, indem eine kleine chemische Gruppe über eine epigenetische Reaktion an die DNA gebunden wird. Eine starke Emotion kann zur epigenetischen Blockierung von Genen führen. Bei Kindheitstraumata, wie Vernachlässigung, Gewalt oder sexuellem Missbrauch, werden Gene oft lebenslang in verschiedenen Gehirnregionen im limbischen System blockiert. Dann, wegen einer solchen Blockade, kann ein sehr wichtiger Rezeptor für Stresshormone im Hippocampus nur in begrenzter Menge exprimiert werden. Deshalb funktionieren die Hormone, die mit dem Rezeptor reagieren müssen, nicht mehr richtig. Als Ergebnis wird die Konzentration dieser Hormone erhöht, um aktiv zu bleiben. Leider handelt es sich dabei um Stresshormone, die nervöses und ängstliches Verhalten mit einem sehr hohen Depressionsrisiko verursachen.

Nicht nur der Rezeptor im Hippocampus ist das Opfer, sondern auch die Produktion des Wartungsfaktors für Nerven, des BDNF, ist gestört. Allerdings ist die Anzahl der blockierten Gene viel größer und alle Arten von Systemen geraten aus dem Gleichgewicht, was zu Depressionen führen kann. Dies hemmt auch einen wichtigen Transportfaktor für das dringend benötigte Serotonin, was bedeutet, dass die Menge an Serotonin nicht mehr stimmt.

Diese Prozesse können teilweise umgekehrt werden, aber das ist sehr individuell, wie in Kap. 11 beschrieben. Diese epigenetischen Reaktionen auf Emotionen treten nicht nur in der Jugend auf, sondern können in allen Lebensphasen zu großen Störungen führen. Ein Burn-out kann bei schwerem Arbeitsstress auftreten und auch hier sehen wir die epigenetische Blockierung wichtiger Gene. Dies ist einer der Gründe, warum Burn-outs so lange dauern. Es handelt sich nicht nur um ein bisschen Erschöpfung, sondern um einen schweren Eingriff in lebenswichtige neurologische Prozesse [134].

Depression und Entzündung

Ein weiterer Ursprungsbereich von Depressionen ist das Immunsystem. Bei der Aktivierung des Immunsystems werden viele verschiedene hormonähnliche Faktoren (Zytokine) hergestellt, die alle Reaktionen regulieren müssen. Nehmen wir zum Beispiel eine Entzündung, die von einer Gruppe von Zytokinen gestartet wird. Eine Entzündung tötet nicht nur den Eindringling, sondern verursacht auch Schäden am umgebenden Gewebe. Um diesen Schaden einzudämmen, wird sofort eine andere Gruppe von Zytokinen gebildet, um den Prozess zu hemmen. Eine Infektion kann lebensbedrohlich sein und daher müssen weiße Blutkörperchen, zusammen mit diesen Zytokinen, nicht nur ihre Arbeit vor Ort erledigen, sondern der ganze Körper muss in diesen Prozess einbezogen werden. Das Stoffwechselsystem wird drastisch verändert, der Darm wird verlangsamt und man hat keinen Hunger mehr. Nun wird die Energie nicht mehr aus der Nahrung, sondern aus dem Abbau von Proteinen in den Muskeln genommen.

Deshalb fühlt man sich immer so schwach nach einer Krankheit. Alle Energie muss in das Immunsystem gesteckt werden, sodass es nicht viel Interesse an anderen Aktivitäten gibt. Es besteht ein hohes Schlafbedürfnis und Licht und Geräusche können nicht toleriert werden. Die Schmerzreize werden verstärkt, was den entzündeten Bereich schützt, denn wenn das Bewegen oder Berühren dieses Bereichs sehr schmerzt, ist es besser, ihn in Ruhe zu lassen. Die Temperatur steigt und das Fieber ist förderlich, um den Eindringling zu töten. Darüber hinaus ist wenig soziale Aktivität erwünscht und die Libido wird ebenfalls abgeschaltet. All diese Körperfunktionen werden durch die Wechselwirkung des Immunsystems und des Gehirns reguliert, wobei diese entzündlichen Zytokine eine wichtige Rolle spielen. Alle Gefühle, die mit Kranksein verbunden sind, werden daher durch die entzündliche Reaktion verursacht. Dies mag unangenehm sein, dient aber einem höheren Zweck. Das Gefühl, krank zu sein, ähnelt sehr einer depressiven Situation [135].

Wenn nun ein chronisch erhöhtes Entzündungsprofil vorliegt, treten all diese Reaktionen ebenfalls auf, nur etwas schwächer. Einfach nur ein bisschen müde sein, weniger Energie für Aktivitäten haben, sich sozial etwas früher zurückziehen, undefinierte Gefühle haben usw. Wenn man sich die Familie der entzündlichen Zytokine ansieht, gibt es Moleküle wie IL-6, TNFα und CRP und bei Depressionen findet man eine Zunahme dieser Faktoren [136].

Zusätzlich zu dieser chronischen Entzündung wurde auch eine Verschiebung im Serotonin-Dopamin-Gleichgewicht festgestellt und eine Veränderung in der Nutzung des Glutamatrezeptors, der bei Dysfunktion toxisch für Nervenzellen ist. All diese Prozesse sind miteinander verknüpft. Diese entzündlichen Zytokine aktivieren ein Enzym namens IDO. Dieses Enzym wandelt Tryptophan in eine Substanz namens Kynurenin um. Normalerweise wird aus Tryptophan Serotonin gebildet, aber durch die Wirkung von IDO wird dies weniger. Ein anderer Effekt des Glutamatrezeptors tritt in der nachfolgenden Reaktionskette auf, der ihn neurotoxisch macht und auch Dopamin reduziert. All diese Prozesse, die mit den entzündlichen Zytokinen beginnen, können zu Depressionen führen, können aber auch weitergehen, bis hin zu Schizophrenie und Suizid, siehe Abb. 18.2.

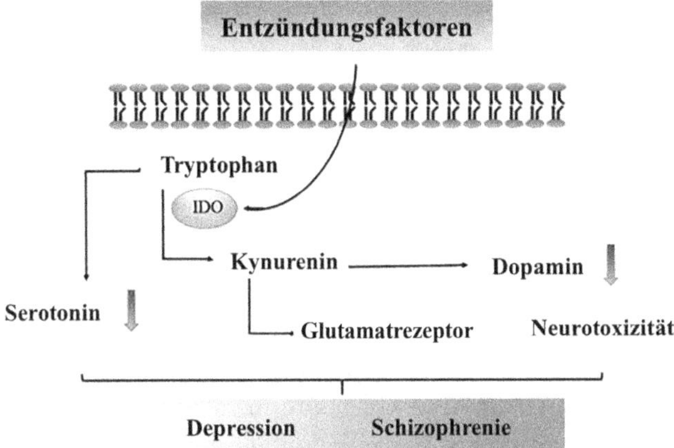

Abb. 18.2 Entzündungsfaktoren aktivieren das Enzym IDO, das letztendlich Depressionen und sogar Schizophrenie verursachen kann

Depression: eine Synthese

Es wird deutlich, dass Depressionen nichts Einfaches sind und man keinen geradlinigen Ansatz von Ursache und Wirkung anwenden kann. Alle Arten von wesentlichen Prozessen beeinflussen sich gegenseitig und auf vielen Ebenen kann ein Ungleichgewicht auftreten, mit all den damit verbundenen Konsequenzen. Es ist ratsam, alle verschiedenen Formen von Depressionen ganzheitlich zu betrachten. Es ist selten möglich, eine eindeutige Ursache zu identifizieren. Obwohl bei Depressionen eine Überweisung an einen Psychiater nützlich sein kann, kann auch ein Besuch beim Zahnarzt sehr hilfreich sein, denn im Fall entzündeter Zähne können die erhöhten entzündlichen Zytokine auch die gesamte Symptomliste erklären. Normalerweise sind die Dinge jedoch nicht so einfach. Lassen Sie uns die wichtigen Akteure in diesem Prozess anschauen.

Chronischer Stress spielt auf jeden Fall eine Schlüsselrolle. Die gesamte Kaskade von neurobiologischen Prozessen im Gehirn und im autonomen Nervensystem, zusätzlich zu den vielen Stresshormonen, und darüber hinaus die veränderte Genexpression durch Transkriptionsfaktoren, all diese Veränderungen tragen zur endgültigen Depression bei. Sogar Stress aus der Vergangenheit wirkt weiter durch epigenetische Prozesse, bei denen Funktionen dauerhaft verändert werden. Dies geht sogar so weit, dass das Echo des Traumas bis in die nächsten drei Generationen hineinreicht. Kindheitstraumata sind oft sehr schwerwiegend, weil die blockierten Gene auch die weitere Entwicklung des Kindes beeinflussen und dauerhafte Schäden verursachen können. Aber auch spätere traumatische Erlebnisse können Gene blockieren, wie wir zum Beispiel im Falle eines Burn-outs sehen können.

Ein weiterer Hauptakteur ist das Immunsystem, das über chronisch erhöhte Entzündungsprofile viele Probleme verursachen kann. Das Immunsystem kann auf viele Arten gestartet und reguliert werden. Eine Entzündung kann durch etwas Mikrobiologisches wie Bakterien, Pilze, Viren usw. verursacht werden. Aber es gibt auch eine ganze Reihe von „sterilen" Entzündungen aufgrund von mechanischen Schäden oder weil eine Entzündung zyklisch geworden ist: Sobald eine Entzündung begonnen hat, tritt ein Gewebeschaden auf und wenn dieser Schaden wiederum entzündliche Zytokine produziert, entwickelt sich ein Zyklus, in dem es nicht mehr relevant ist, wie er jemals begonnen hat. Rheuma ist ein solches Beispiel. Stress kann auf viele Arten eine entzündliche Reaktion auslösen, wobei psychischer Stress genauso wirkungsvoll ist wie eine bakterielle Infektion.

Durch Veränderungen in Transkriptionsfaktoren, insbesondere durch NF-κB-Aktivität, aber auch auf anderen Ebenen, können Reaktionen durch Stress ausgelöst werden. Weitere wichtige Akteure sind unser Stoffwechsel und die Darmflora. Unsere Darmflora ist enorm wichtig für die Produktion von Neurotransmittern, unter anderem durch den Tryptophanstoffwechsel. Störungen in unserem Stoffwechsel, zum Beispiel durch ein Problem mit Schilddrüsenhormonen, können bereits zu Depressionen führen, ebenso wie alle Formen von Mangelernährung und somit fehlendes Zink, Selen, Vitamin B11, B6 und B12 [137].

All diese Systeme sind wieder miteinander verbunden. Stress beeinflusst unseren Stoffwechsel, die Darmflora, das Immunsystem und die Gehirnfunktionen durch Veränderungen in Nervenzellen und Neurotransmittern. Um das Bild zu vervollständigen, müssen wir uns bewusst sein, dass jedes System einen Einfluss auf ein anderes hat. Zum Beispiel ist Fettleibigkeit mit Depressionen verbunden. Durch veränderte Stoffwechselprozesse können mehr Fettzellen entstehen. Diese Fettzellen produzieren wiederum entzündliche Zytokine, die ein chronisches Entzündungsprofil verursachen, wodurch die Neurotransmitter-Balance verändert wird. Aber durch diese Zytokine beeinflussen Fettzellen auch andere Gehirnfunktionen, die wiederum einen Einfluss auf die Entwicklung von Depressionen haben. Herz-Kreislauf-Erkrankungen sind auch das Ergebnis von Stress und erhöhter immunologischer Entzündungsaktivität. Auf diese Weise beeinflussen die Bedingungen, die zu Herz-Kreislauf-Erkrankungen führen, auch die Ent-

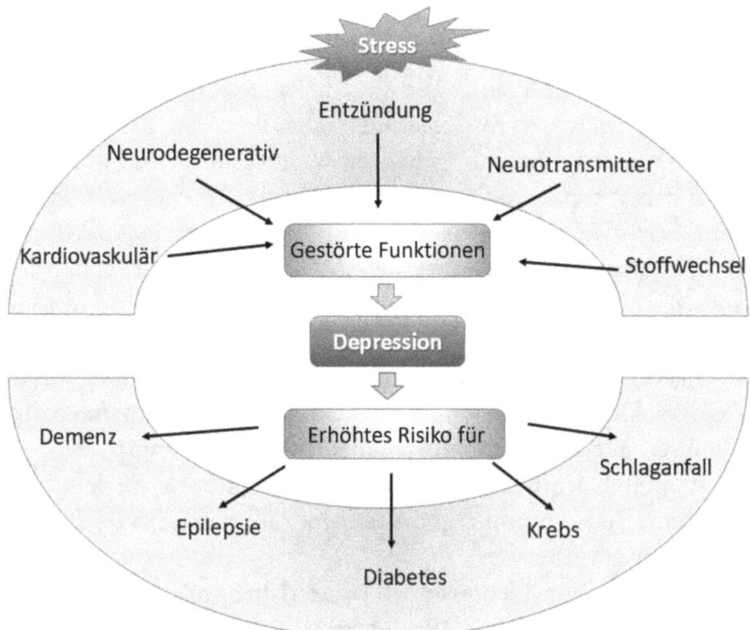

Abb. 18.3 Das Unglücksrad. Multifaktorielle Ursachen von Depressionen und Depressionen als Ursache für ein erhöhtes Krankheitsrisiko

wicklung und den Verlauf von Depressionen. Sobald eine Depression aufgetreten ist, kontrolliert sie wiederum den Verlauf anderer Krankheiten, was zum Unglücksrad führt (siehe Abb. 18.3).

Um die Komplexität der Prozesse zu verdeutlichen, die zur Entstehung einer Depression führen können, lässt sich das Zusammenspiel der beteiligten Faktoren als ein empfindliches Gleichgewichtssystem beschreiben. Gerät dieses System außer Kontrolle, kann eine Depression entstehen – unabhängig davon, welche konkreten Auslöser das Ungleichgewicht verursacht haben. Ob es sich dabei um einen Vitaminmangel, ein hormonelles Ungleichgewicht oder eine epigenetische Veränderung infolge früher Kindheitserfahrungen handelt, ist zweitrangig. In der Regel ist es das Zusammenspiel mehrerer biologischer, psychologischer und sozialer Faktoren, das letztlich zur Entwicklung einer Depression führt.

Da Depressionen ein multifaktorielles Ereignis sind, muss dies bei der Behandlung berücksichtigt werden. Einfach nur eine Pille zu nehmen und auf das Beste zu hoffen, ist sehr marginal.

Die gängigen Antidepressiva wirken nur auf einen kleinen Teil der Prozesse, die an Depressionen beteiligt sind. Die Wirkung dieser Medikamente konzentriert sich hauptsächlich auf die effizientere Nutzung von Serotonin. Serotonin wird nach der Ausscheidung schnell in der Synapse resorbiert. Wenn diese „Wiederaufnahme" gehemmt wird, bleibt Serotonin für eine längere Zeit in den Synapsen aktiv und das macht den Anschein, als gäbe es mehr Serotonin. Selektive Serotonin-Wiederaufnahme-Hemmer, SSRI, sind die Hauptantidepressiva und es gibt auch Medikamente, die den Abbau der Monoamin-Familie hemmen. Obwohl es oft Probleme mit Serotonin und den anderen Monoaminen gibt, sind diese Probleme nicht ursächlich, sondern das Ergebnis von Dysfunktionen in anderen Bereichen. Wie wir gesehen haben, ist bei Depressionen immer ein Stresselement vorhanden. Darüber hinaus können alle Arten von Anomalien in Entzündungsprozessen, Stoffwechselsystemen, Darmflora, anderen Neurotransmittern wie dem Glutamat-GABA-System, Nahrungsmitteldefiziten und allen möglichen Kombinationen dieser Faktoren auftreten.

Die Behandlung von Depressionen sollte daher weit über die verbesserte Nutzung von Serotonin durch Antidepressiva hinausgehen, aber hierbei gibt es ein Problem. Die Depression hat einen bestimmten Zustand geschaffen, in dem es schwierig geworden ist, das zu erreichen, was eigentlich getan werden sollte, um aus ihm herauszukommen. Die körperliche und geistige Erschöpfung, die düstere Perspektive, die soziale Schwierigkeit des Funktionierens und die Isolation von der Außenwelt sind alles Aspekte, die eine energische Aktivität zur Veränderung des stagnierenden Lebensmusters fast unmöglich machen.

Es ist daher wichtig, sich nicht geduldig auf Antidepressiva zu verlassen, sondern dort Verantwortung zu übernehmen, wo es möglich ist, den Lebensstil zu ändern. Eine tägliche Stunde der Entspannung durch Sport oder Yoga und Meditation kann sehr vorteilhaft sein. Dies wird die direkten Transkriptionsfaktoren beeinflussen, die relativ schnell von dem überhitzten Zustand in die Grundausrichtung zurückgesetzt werden können. Man muss die Kraft dazu haben. In einem depressiven Zustand ist dies genau das Letzte, was man anstrebt. Die Bestimmung von Entzündungsfaktoren wie CRP, IL-6 und TNFα und deren Verknüpfung mit Entzündungshemmern kann sicherlich nicht schaden und auch die Erkennung von eventuellen Mängeln an Vitaminen und Mineralien nicht.

Eine gute Ernährung ist ebenfalls ein Muss, denn Tryptophan als Quelle von Serotonin kann nur aus der Nahrung kommen. Tyrosin, eine weitere wichtige Aminosäure, können wir selbst herstellen, aber meistens nicht genug, und eine Ergänzung aus der Nahrung ist daher notwendig. Dies ist im Hinblick auf Depressionen sehr wichtig, denn Tyrosin wird unter anderem zur Herstellung von Dopamin verwendet, das eines jener Monoamine ist, das bei Depressionen nicht ausreichend vorhanden ist. Es wird auch dringend empfohlen, so wenig Junkfood wie möglich zu essen, denn dies kann unsere Darmfunktion und -flora beeinträchtigen, was zu einer direkten Rückmeldung des Gehirns zur Depression führt. Selbst eine kleine Studie über E-Nummern kann nicht schaden. Wo möglich, sollte versucht werden, die Ursache des Stresses anzugehen, aber dies erfordert oft einen aktiven Eingriff in das Lebensmuster und dies wird schnell zu einem „Widerspruch in sich", weil Depressionen dies unmöglich machen. Es ist daher ratsam, präventive Maßnahmen zu ergreifen, um nicht in diesen Kreislauf der Depression zu geraten.

19

Diabetes und Stress

Alle Energie für das Leben auf der Erde kommt von der Sonne. Pflanzen und Algen speichern die Energie des Sonnenlichts in Form von Glukose mittels Photosynthese, bei der CO_2 und Wasser in Zucker und Sauerstoff umgewandelt werden. Und hier beginnt die Nahrungskette, in der die von der Sonne gelieferten Zucker den Prozess des „Fressens oder Gefressenwerdens" in Gang setzen. Aber was ist Zucker?

Wenn wir von Zucker sprechen, ist es eigentlich besser, den Begriff Kohlenhydrate zu verwenden. Kohlenhydrat ist der Sammelname für unzählige verschiedene Verbindungen, mit einer bestimmten Grundstruktur aus Kohlenstoff-, Sauerstoff- und Wasserstoffatomen. Zusammen bilden sie eine Ringstruktur mit einer Anzahl von OH-Gruppen, die einem Stuhl mit zwei hochgestellten und zwei heruntergestellten Beinen ähnelt. So kann die Position dieser Beine oben oder unten sein, was für das Endergebnis wichtig ist. Ein Stuhl mit zwei Beinen oben und zwei unten ist ein ganz anderes Möbelstück als ein Stuhl mit vier Beinen unten. Obwohl die meisten Menschen keine Freude an chemische Formeln haben, ist es sehr interessant, einen genaueren Blick auf diese Zuckerstrukturen zu werfen, denn dann kann sich uns eine Welt des Verständnisses eröffnen (siehe Abb. 19.1). Es gibt mehrere Grundstrukturen von Zuckern. Sie bilden normalerweise einen Sechserring oder einen Fünferring und lassen sich leicht miteinander verbinden. Eine einzelne Grundform wird Monosaccharid genannt, eine Doppelbindung wird Disaccharid genannt, mehrere verknüpfte Zucker sind ein Oligosaccharid und mehr als zehn sind Polysaccharide. Die Anzahl der verschiedenen Zucker geht in die Millionen oder sogar Milliarden und sie erfüllen viele verschiedene Funktionen. Holz besteht aus Polysacchariden, aber Polysaccharide können

P. J. A. Capel, *Die emotionale DNA*, https://doi.org/10.1007/978-3-662-71831-5_19

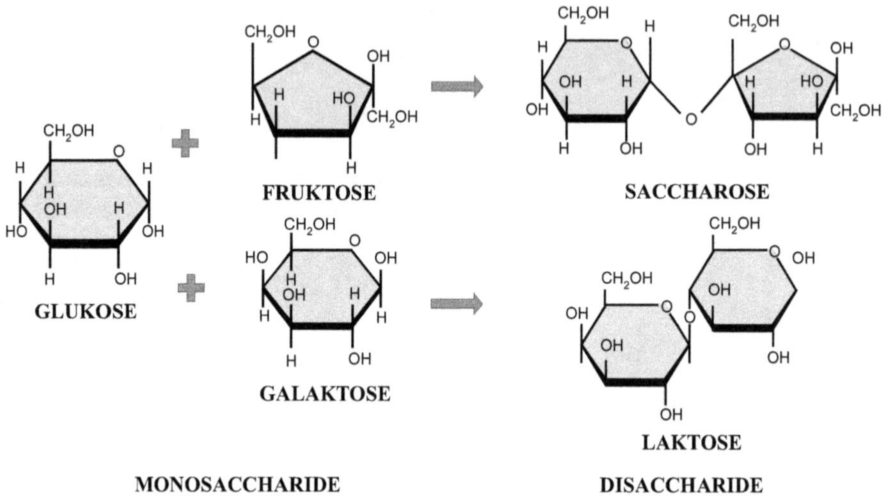

CH_2OH · FRUKTOSE · GLUKOSE · GALAKTOSE · SACCHAROSE · LAKTOSE

MONOSACCHARIDE   DISACCHARIDE

Abb. 19.1   Fast identische Strukturen von Zuckern mit den gleichen Kalorien, aber mit sehr unterschiedlichen Eigenschaften. Saccharose, im Gegensatz zu Laktose, wird als Fett gespeichert und Laktose verursacht oft Unverträglichkeiten; Saccharose tut das nicht

auch Fasern bilden, wie Baumwolle und Leinen oder Stärke wie in Lebensmitteln. Von der gesamten Palette der verschiedenen Funktionen von Kohlenhydraten sind wir besonders mit Zucker als kalorische Energiequelle und Süßstoff vertraut. Bevor wir die in Zucker gespeicherte Sonnenenergie nutzen können, müssen die komplexen Zucker in Monosaccharide zerlegt werden. Diese werden dann in den Kraftwerken der Zelle, den Mitochondrien, in CO_2 und Wasser verbrannt, wobei Kalorien freigesetzt werden. Obwohl Zucker sehr ähnlich sind, sind die Unterschiede sehr wichtig.

Wenn wir uns Abb. 19.1 anschauen, sehen wir, dass Glukose drei OH-Beine unten hat und ein CH_2OH-Bein oben. Galaktose hat eigentlich die gleiche Struktur, aber alle Beine sind oben, außer einem OH-Bein, das nach unten zeigt. Diese beiden Zucker können miteinander verknüpft werden, sodass man Laktose erhält. Diesen Zucker finden wir in Milch und er ist der weiße Triebwerk für alle Babys. Muttermilch enthält die gleiche Laktose wie Kuh- oder Ziegenmilch und nach dem Trinken wird Laktose durch ein Enzym im Dünndarm in Glukose und Galaktose gespalten. Diese Zucker können dann als Energiequelle genutzt werden. Aufgrund der Tatsache, dass Milch eigentlich nur für Babys ist, wird das Enzym, das Laktose spaltet, ab dem dritten Lebensjahr abgeschaltet und so verliert Laktose ihre Funktion als Energiequelle im späteren Leben. Dies ist bei fast allen Menschen der Fall, außer bei den meisten Westeuropäern und Nordamerikanern. Wenn man Laktose nicht mehr spalten kann und trotzdem Milch trinkt, ist sie nicht mehr von Nutzen, aber die Bakterien im Dickdarm finden Laktose sehr attraktiv. Sie verdauen Laktose, was, abgesehen von der Freisetzung vieler Gase und schwieriger Nebenprodukte, auch oft Probleme verursacht, wie Darmkrämpfe und Darmbeschwerden. Dies wird als Laktoseintoleranz bezeichnet, was in den meisten Ländern bedeutet, dass nicht viele Milchprodukte in der lokalen Küche zu finden sind.

Was wir normalerweise „Zucker" nennen, ist Saccharose, eine Kombination aus Glukose und Fruktose, die das Hauptprodukt von Rübenzucker und Rohrzucker ist und eine hervorragende Energiequelle. Um Energie daraus zu gewinnen, muss sie zuerst in Glukose und Fruktose gespalten und dann von den Mitochondrien verbrannt werden, was viele Kalorien produziert. Die beiden gleichen sich in Bezug auf ihre Kalorien, aber unterscheiden sich in einem Punkt deutlich. Wenn alle als Monosaccharide freigesetzten Zucker gleichzeitig im Verdauungssystem verbrannt würden, würde nach einer üppigen Mahlzeit so viel Energie freigesetzt, dass wir ernsthafte Überhitzungsprobleme hätten und eine Weile später, völlig ausgekühlt, hätten wir zu wenig Energie. Daher muss die Verbrennung von Monosacchariden streng reguliert werden und der Blutzuckerspiegel muss innerhalb eines strengen Bereichs gehalten werden. Wenn nach einer Mahlzeit zu viel Glukose und Fruktose freigesetzt wird, muss sie vorübergehend gespeichert werden, um zu verhindern, dass wir einen „Hyper" bekommen. Die „Batterie" für die Glukosespeicherung sind die Leber und die Muskeln, in denen Glukose als Glykogen gespeichert wird. Dies ist ein Polymer (lange Kette) von Glukose und wenn der Körper wieder Energie benötigt, wird Glukose aus diesem Glykogen freigesetzt. Auch Fruktose muss gespeichert werden, aber der Prozess verläuft anders. Hier ist die „Batterie" die Fettzelle, in der die Energie der Fruktose in Form eines Triglycerids in Fett gespeichert wird. So sehen wir hier, dass zwei chemisch fast identische Zucker mit den gleichen Kalorien sehr unterschiedliche Auswirkungen haben können: von dem einen kann man schmerzhafte Krämpfe bekommen, während der andere einen auf den Weg in die Fettleibigkeit führt.

Um all die verschiedenen Zucker in unserer Nahrung in Monosaccharide abzubauen, werden unendlich viele verschiedene Enzyme benötigt. Der Mensch hat eine gewisse Menge davon, aber bei weitem nicht genug. Daher sind Enzyme von Darmbakterien eine absolute Notwendigkeit, um unser Verdauungssystem am Laufen zu halten. Wenn wir auf ein Stück Holz beißen, passiert nichts, aber der Holzwurm hat die richtigen Enzyme, um dieses Holz abzubauen und es als Energiequelle zu nutzen.

Der Aufbau und Abbau von Zuckern bildet eine faszinierende, aber sehr komplizierte Welt. Zucker haben zum Beispiel eine enorme Anzahl von verschiedenen Funktionen. Es gibt fast kein Protein in unserem Körper, das nicht mit spezifischen Zuckerstrukturen kombiniert ist, um funktionieren zu können. Es gibt auch viele Fette, die nur zusammen mit Zuckern aktiv sein können. Zum Beispiel basiert das A-B-O-Blutgruppensystem auf Unterschieden in der Kombination von Zuckern.

Unsere Genetik, die Zusammensetzung unserer Nahrung, unsere Darmflora, aber auch unsere Emotionen und die Menge an Stress bestimmen gemeinsam, welche der so wichtigen Zucker uns zur Verfügung stehen. Wenn wir uns nur auf die Funktion von Zucker als Energiequelle konzentrieren, dann sehen wir, dass hier Stress und Emotionen ebenfalls sehr wichtig sind.

Der Blutzuckerspiegel muss konstant sein und darf nicht zu stark schwanken. Wenn man gegessen hat, rollt eine Welle von Zuckern in das Blut, die sofort in den Geweben gespeichert werden muss. Das Speichern kann an zwei verschiedenen Orten erfolgen, in der Leber und in den Muskeln als Glykogen oder in den Fettzellen als Triglyceride. Wenn man sich stark angestrengt hat, hat man viele Zucker verbrannt, was dazu führen könnte, dass der Blutzuckerspiegel zu niedrig sinkt. In einer solchen Situation muss Zucker aus dem gespeicherten Vorrat freigesetzt werden.

Dieser Prozess der Speicherung oder Nutzung wird von zwei Hormonen gesteuert: Insulin für die Speicherung und Glukagon für die Freisetzung. Wenn die beiden in einem ausgewogenen Verhältnis arbeiten, kann der Blutzuckerspiegel gut kontrolliert werden. Sobald man isst, steigt der Blutzuckerspiegel und es wird Insulin benötigt, um alles zu steuern. Die Produktion von Insulin in der Bauchspeicheldrüse wird direkt durch die Menge an Glukose im Blut gesteuert. Diese Insulinproduktion ist so wichtig, dass eine Reihe von Mechanismen zur Vorbereitung auf die nächste Glukosewelle sofort in Gang gesetzt werden, sobald man zu essen beginnt. Im Darm verändert sich alles, wenn die Rezeptoren für den süßen Geschmack auf der Zunge stimuliert werden. Weil Glukose aktiv aus dem Darm in den Blutkreislauf transportiert werden muss, läuft dieser Mechanismus bereits auf Hochtouren, wenn man etwas Süßes schmeckt. Nicht nur Glukose startet diese Reaktion, sondern alles, was süß schmeckt, einschließlich der künstlichen Süßstoffe. Neben einem besseren Transport zum Blut produzieren Darmzellen ein Hormon, das die Bauchspeicheldrüse dazu veranlasst, die Insulinproduktion zu starten und die Glukagonausscheidung zu hemmen. Darüber hinaus hemmt dieses Hormon auch das Hungergefühl, sodass man sich nicht überisst [138].

Insulin spielt eine wichtige Rolle in diesem sehr komplexen Zuckersystem, denn dieses Hormon bestimmt, wie viel Zucker als Energiequelle genutzt wird und wie viel vorübergehend als Reserve gespeichert wird. Nun gibt es zwei Zustände, in denen dieser Insulinmechanismus gelegentlich einen Funktionsfehler entwickelt und Diabetes entsteht. Wenn die β-(Beta-)Zellen, die in der Bauchspeicheldrüse Insulin produzieren, beschädigt sind, wird zu wenig oder kein Insulin produziert und dies wird als Typ-1-Diabetes bezeichnet. Die Ursache dafür ist eine Autoimmunreaktion, bei der die Beta-Zellen fälschlicherweise vom Immunsystem angegriffen werden. Da Beta-Zellen aus der Bauchspeicheldrüse zu den am schwierigsten zu transplantierenden Geweben gehören – und wenn sie erfolgreich transplantiert werden, könnten sie erneut Opfer der Autoimmunreaktion werden – ist das Einzige, was nach aktuellem Stand der Dinge getan werden kann, die Selbstverabreichung von Insulin. Eine andere Situation entsteht, wenn Insulin von der Bauchspeicheldrüse produziert wird, aber der Rezeptor für Insulin nicht richtig funktioniert, dies wird als Typ-2-Diabetes bezeichnet. An dieser Situation kann viel getan werden, denn mit dem Insulinrezeptor ist grundsätzlich nichts falsch, außer dass er blockiert ist. Es gibt eine Reihe von nachweisbaren Ursachen für diese Blockade, aber im Gegensatz zu Typ-1-Diabetes können wir selbst etwas dagegen tun.

Wie kann man sich eine Blockade eines Rezeptors und den Gedanken, dass man selbst etwas dagegen tun kann, vorstellen? Der Insulinrezeptor ist ein Protein, das in der Membran einer Zelle enthalten ist. Mit einem Teil auf der Außenseite der Zelle kann es Insulin binden und auf der Innenseite gibt es einen Teil, der der Zelle ein Signal gibt, Zucker in die Zelle aufzunehmen. Das Signal, das der Zelle gegeben wird, nachdem Insulin gebunden wurde, beginnt mit der Bindung einer Phosphatgruppe auf der Innenseite des Rezeptors. Diese Bindung wird durch eine Enzymaktivität im Rezeptor selbst bereitgestellt, die diese Phosphatgruppe an eine spezifische Aminosäure, „Tyrosin", bindet. Dem folgt eine ganze Reihe von Schritten, mit der Aufnahme von Zucker als Endergebnis. Es gibt auch Enzyme in der Zelle, die eine Phosphatgruppe an diesen Rezeptor anfügen können, aber an einer anderen Stelle und an eine andere Aminosäure, genannt Serin. Das gesamte Bild von Typ-2-Diabetes kann in der Aktivitätsbalance dieser beiden Enzyme vereinfacht und zusammengefasst werden. Wenn die Phosphatgruppe an Tyrosin gebunden ist, funktioniert die Bindung von Insulin an den Rezeptor perfekt. Wenn das andere Enzym aktiver ist, bindet das Phosphat an Serin, es wird kein Signal gegeben und der Rezeptor ist blockiert (Abb. 19.2). Der Rezeptor reagiert nicht mehr auf die Bindung von Insulin, was dazu führt, dass der Zuckerhaushalt nicht mehr reguliert werden kann, was zu Typ-2-Diabetes führt.

Unter normalen Bedingungen wird der Insulinrezeptor nach der Bindung von Insulin gut funktionieren, weil ein Phosphat an der richtigen Stelle gebunden ist. Wenn die Aktivität des anderen Enzyms, genannt Serin-Kinase, erhöht ist, wird der Rezeptor blockiert, weil das Phosphat an der falschen Stelle angelegt wird. Das gesamte Problem des Typ-2-Diabetes kann auf die Frage reduziert werden, was das Enzym Serin-Kinase aktiviert und ob dies umkehrbar ist. Mit anderen Worten: Kann man Typ-2-Diabetes heilen? Zwei

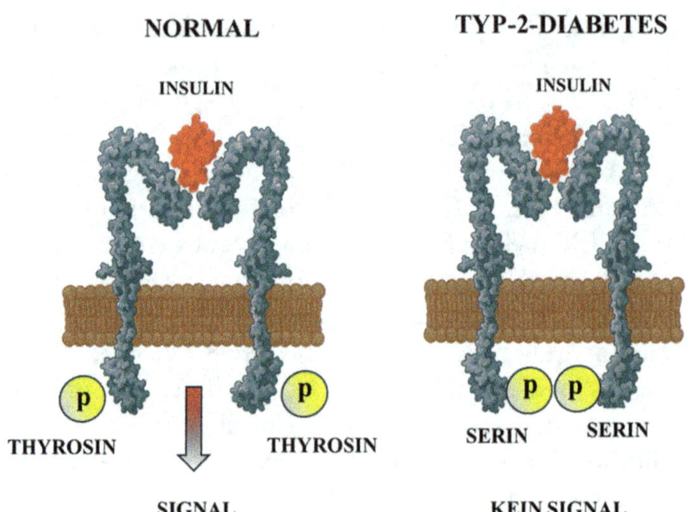

Abb. 19.2 Insulinunempfindlichkeit bei Typ-2-Diabetes. Nach Bindung von Insulin wird eine Phosphatgruppe (P) an Tyrosin angelegt, die ein Signal an die Zelle sendet. Im Falle von Stress, Entzündungen usw. wird Phosphat an Serin gebunden, wodurch der Insulinrezeptor inaktiv wird. (Generiert mit ChatGPT)

Hauptursachen für Typ-2-Diabetes sind Fettleibigkeit [139] und chronischer Stress [140], beide können zu einer erhöhten Serin-Kinase-Aktivität führen. Diese Erhöhung der Serin-Kinase-Aktivität ist unter anderem auf die Zunahme von immunologischen Entzündungsfaktoren und freien Fettsäuren im Blut zurückzuführen.

Im Falle von Fettleibigkeit gilt Folgendes: Fettzellen sind nicht nur ein Speicher für Fette, sondern sie produzieren auch Hunderte von Hormonen (Adipokinen), die alle Arten von regulatorischen Funktionen in unserem Stoffwechsel haben, aber auch den Appetit kontrollieren. Darüber hinaus produzieren sie auch Entzündungsmediatoren wie IL-6 und TNF-α. Im Falle von starkem Übergewicht besteht ein chronisch erhöhtes Entzündungsprofil. Diese Entzündungsfaktoren haben eine Rückkopplung auf die Fettzelle, in der die gespeicherten Fette, die Triglyceride, gespalten werden und freie Fettsäuren in den Kreislauf gelangen [141].

Chronischer Stress stimuliert ebenfalls die Bildung von Entzündungsfaktoren und zusammen mit einer Reihe von Stresshormonen werden noch mehr freie Fettsäuren produziert [142]. Der Zusammenhang von Fettleibigkeit und chronischem Stress mit Typ-2-Diabetes erfolgt hauptsächlich über eine chronische Zunahme von freien Fettsäuren und Entzündungsmediatoren, wie TNF-α [143]. Diese beiden Faktoren erhöhen die Serin-Kinase-Aktivität und blockieren den Insulinrezeptor.

Wenn die Aktivität dieser Serin-Kinase wieder gesenkt wird, wird die Blockade entfernt und der Insulinrezeptor funktioniert wieder, wie er sollte. Wir können selbst viel gegen Stress und Fettleibigkeit tun. Eine Änderung des Lebensstils kann enorme Ergebnisse bringen. Neben der Änderung der Essgewohnheiten wirkt das zuvor erwähnte Trio aus Meditation, Yoga und Sport auch hier Wunder. Auch hierbei geht es darum, die Genverwendung durch die Veränderung von Transkriptionsfaktoren zu beeinflussen. Die Entzündungsfaktoren, wie IL-6 und TNF-α, werden durch NF-κB kontrolliert. Die Aktivität dieses Transkriptionsfaktors steigt unter Stress an und nimmt wieder ab, wenn man meditiert. Meditation reguliert noch viele weitere Transkriptionsfaktoren [62]. Wenn das Entzündungsprofil gesenkt wird, hat es mehrere positive Auswirkungen auf Typ-2-Diabetes, was nicht nur die Serin-Kinase-Aktivität reduziert, sondern auch die Freisetzung von freien Fettsäuren aus Fettzellen. Bei Yoga und Sport wird, wie in Kap. 11 besprochen, das Gleichgewicht zwischen den Transkriptionsfaktoren PGC1a und FOXO3, dem „Winterschlaffaktor", verschoben. Bei Diabetes ist die Aktivität von PGC1a zu niedrig [144], aber Bewegung erhöht diese Aktivität. Dies ist nicht der einzige positive Effekt, denn körperliche Aktivität führt dazu, dass die freien Fettsäuren oxidieren, wodurch ihre negative Wirkung auf die Blockierung des Insulinrezeptors reduziert wird [145]. Viele Studien zeigen die positive Wirkung von Sport auf die Reduzierung von Typ-2-Diabetes [146].

Essgewohnheiten, Stress und ein ungesunder Lebensstil haben einen direkten Zusammenhang mit Typ-2-Diabetes, im Gegensatz zu Typ-1-Diabetes. Die Daten des Statistischen Bundesamtes machen dies sehr deutlich. Typ 1 ist eine Autoimmunerkrankung, die in jungen Jahren beginnt, wobei die Anzahl der Menschen, die an dieser Krankheit leiden, über die Jahre konstant bleibt. Dies steht im starken Kontrast zu Typ 2, bei dem sich allein von 2001 bis 2014 die Anzahl verdoppelt hat und nun 4 % der Bevölkerung betrifft. Der Einfluss von Fettleibigkeit ist ebenfalls offensichtlich, denn 16 % der Menschen mit Fettleibigkeit haben Typ-2-Diabetes, während es in der Gruppe ohne Übergewicht nur 2 % sind. Wenn wir uns die amerikanischen Zahlen ansehen, wird es noch trauriger. Dort hat 12,3 % der Bevölkerung Typ-2-Diabetes und diese Zahl steigt weiter an, mit den enormen Kosten von 176 Milliarden USD allein für die medizinische Versorgung. Typ-2-Diabetes wird auch als die Geißel des 21. Jahrhunderts bezeichnet.

Obwohl es nicht einfach ist, einen Lebensstil dauerhaft zu ändern, lohnt es sich dennoch, den Stress für eine halbe Stunde am Tag zu durchbrechen. Durch Meditation und zusätzlich gesunde Ernährung und mehr Bewegung wird das Risiko für Sehstörungen erheblich reduziert, ebenso wie Nierenversagen, ein erhöhtes Risiko für Tumore usw.

20

Burn-out

Wie viele Dinge und Ideen wurde auch das Konzept der Krankheit im Laufe der Zeit unterschiedlich wahrgenommen.

Die Ära, in der Krankheit als Strafe der Götter für begangene Sünden gesehen wurde, liegt schon einige Zeit hinter uns.

Um 1900 wurden Erkrankungen stark von Infektionskrankheiten dominiert, was zu einer klaren und leicht definierbaren Situation führte. Der Erreger war ein Bakterium oder Virus, das von außen kam, die Diagnose war eindeutig und das damit verbundene Fieber und Unwohlsein waren unbestreitbare Anzeichen einer Krankheit. Dies führte zu der Vorstellung, dass die Ursache einer Krankheit klar definiert werden kann und dass die Symptome messbar sein müssen.

Dieses Bild war vor einem Jahrhundert noch angemessen, aber in der heutigen Situation steht diese Sichtweise oft im Widerspruch zur Realität. Durch die Reduzierung von Infektionskrankheiten entsteht nun eine Situation, in der die Ursache einer Krankheit oft komplex ist, was die Diagnose erschwert und weshalb keine eindeutige Behandlung zur Verfügung steht. Arbeitsdruck, Stress, Lebensstil, stark verarbeitete Lebensmittel, Verschmutzung usw. können eine Vielzahl konkreter Krankheiten verursachen, mit einer Vielzahl von Phänomenen, die oft nicht einmal als Krankheiten erkannt werden. Aber warum ist es so schwierig zu erkennen, dass sich das Muster der Krankheitserreger drastisch verändert hat?

Soziale Strukturen sind zu konkreten Krankheitserregern geworden und haben Bakterien weitgehend verdrängt. Die Vorstellung, dass eine Managementstruktur oder eine politische Entscheidung über Marktkräfte im Gesundheitswesen Ihr Immunsystem durcheinanderbringen und zu einem

P. J. A. Capel, *Die emotionale DNA*, https://doi.org/10.1007/978-3-662-71831-5_20

chronischen Unwohlsein führen kann, wird nicht von jedem verstanden. Tatsächlich ruft es Aggression hervor. Natürlich kann eine politische Entscheidung nicht Ihren IL-6-Spiegel im Blut erhöhen, mit der Folge, dass in Ihrem Gehirn das Schlafzentrum aktiviert wird und chronische Müdigkeit zur Folge hat. Ist das nicht offensichtlicher Unsinn? Um die Sache noch schlimmer zu machen, möchte ich sagen, dass Misstrauen auch ein wichtiger Krankheitserreger ist.

Die Selbstbewusstseinslücke

Der enorme Anstieg der heutigen Lifestyle-Krankheiten, bei denen bereits die Hälfte der Bevölkerung an irgendeiner Art von chronischer Erkrankung leidet, kann natürlich nicht durch einen einfachen Umstand erklärt werden. Es ist jedoch klar, dass all diese entzündlichen Krankheiten, mit der damit verbundenen Müdigkeit, Burn-out, Schmerzen und Depressionen, eine klare Beziehung zu psychischem Stress haben. Dadurch wird die Genverwendung auf der DNA chronisch fehlgeleitet, mit all den Konsequenzen, die das mit sich bringt. Es gibt viele Ursachen für den erhöhten psychischen Stress, aber ein wichtiger Grund ist die Vertrauenslücke.

Die Sehnsucht nach Sicherheiten und Kontrolle ist in letzter Zeit völlig erodiert, mit der Folge, dass jetzt alles protokolliert und verwaltet werden muss, während es kein grundlegendes Vertrauen mehr gibt. Durch all diese Regeln und Protokolle wird man in eine unnatürliche Zwangsjacke gedrängt, wodurch man die wesentliche Freiheit verliert, in einer gegebenen Situation selbst zu entscheiden.

Als Ergebnis verbringt der Arzt mehr als die Hälfte seiner Zeit mit Verwaltung und wenn er bei der Behandlung eines Patienten vom Protokoll abweicht, werden seine Kosten entweder nicht rückerstattet oder er könnte sogar seine Lizenz verlieren. Auch der Student wird von Regeln und Studienkrediten erstickt und anstatt seiner wissenschaftlichen Entwicklung ist er in einem Netzwerk von Verwaltungsprotokollen gefangen. Durch die Einschränkung der eigenen Freiheit und Verantwortung und den Ersatz durch Misstrauen und Kontrolle entsteht ein pathogener chronischer Stress.

Es ist noch nicht so lange her, dass niemand das Konzept des Burn-outs kannte, während jetzt eine Burn-out-Epidemie entstanden ist. Das Phänomen Burn-out ist stark in bestimmten Gruppen wie Ärzten, Pflegepersonal und Studenten vertreten, aber es ist auch in einem weiteren Ausmaß vorhanden. Die Millennials sind stark von diesem neuen Phänomen betroffen, aber je nach Managementsystem tritt Burn-out auch immer häufiger am Arbeitsplatz auf.

Managementmodelle können stark variieren, mit einem starken Kontrollwunsch und oft ist Vertrauen nicht mehr der Standardausgangspunkt. Sollten Mitarbeiter rechenschaftspflichtig sein oder Verantwortung übernehmen? Quartalszahlen und kurzfristige Planung haben oft Vorrang vor tatsächlichen Interessen. Muss alles so effizient und kostengünstig wie möglich sein, oder gibt es auch Wertschätzung für Handwerkskunst und Qualität? Ohne Vertrauen und persönliche Verantwortung ist die Arbeitszufriedenheit gering, der Stress nimmt zu und kann schließlich zu einem Burn-out führen.

Obwohl Burn-out im Prinzip nichts anderes als chronischer Stress ist, stellt sich die Frage, was es so besonders macht?

Die Antwort liegt in der Art des Stressors. Die üblichen Stressoren, die Ihr Leben beeinflussen und zu chronischem Stress führen, sind hauptsächlich persönlicher Natur. Egal wie schwer solche Beziehungsprobleme, Krankheiten usw. sind, Sie können entweder etwas dagegen tun oder versuchen, sie zu akzeptieren; aber es sind Ihre Stressoren und Sie müssen lernen, mit ihnen umzugehen. Bei Burn-out geht es nicht um persönliche Stressoren, sondern um soziale Stressoren. Dadurch werden Sie zum Opfer eines Stressors, auf den Sie selbst keinen Einfluss ausüben können, der aber dennoch einen enormen katastrophalen Einfluss auf Ihr Leben hat.

Nehmen Sie jetzt den aktuellen Studenten als Beispiel. Als ich anfing zu studieren, gab es keinen starren Lehrplan. Vier Jahre lang zahlten Sie 200 Gulden Studiengebühren, was bedeutete, dass Sie für immer eingeschrieben waren. Sie mussten eine Reihe von Praktika und Prüfungen für Ihren Bachelor absolvieren und dann eine Reihe von Prüfungen für Ihren Master. Et voilà, da war, wie ein Kaninchen aus dem Hut, der brandneue Doktorand, unabhängig davon, wie er das Studium abgeschlossen hatte. Ich selbst blieb lange Zeit kindisch und wachte spät auf, aber das störte niemanden außer mich selbst. Aber jetzt wird alles bis auf den Millimeter protokolliert. Wenn Sie im Frühjahr des ersten Jahres nicht genug Punkte haben, werden Sie tatsächlich gezwungen, Ihr Studium zu beenden. Ein externer Stressor, der auf Misstrauen basiert, kann also Ihr ganzes Leben beeinflussen. Sie müssen sich die Zwangsjacke des Protokolls anlegen, die Ihnen überhaupt nicht passt, die Sie nicht selbst kontrollieren können. Diese starren sozialen Strukturen, die sowohl die Bildung als auch die spätere Arbeitsumgebung buchstäblich ruinieren, sind in letzter Zeit so dominant geworden, dass es jetzt eine Burn-out-Epidemie gibt. Zu diesem Thema wurden bereits viele Studien durchgeführt, die alle tatsächlich zeigen, dass eine strukturell negative Arbeitsumgebung zu einem Burn-out führen kann [147]. Dies spiegelt sich auch in der Definition von Burn-out wider, die von der Weltgesundheitsorganisation (WHO) verwendet wird.

*„Burn-out ist ein Syndrom, das als Ergebnis von chronischem Arbeitsstress kon-
zipiert wurde, der nicht erfolgreich bewältigt wurde." (eigene Übersetzung)*
Die Ohnmacht und die fehlende Kontrolle über diese sozialen Stressoren
machen Burn-out zu einer noch schwereren Form von chronischem Stress.

Burn-out als entzündliche Krankheit

Einer der vielen Aspekte von chronischem Stress ist die Veränderung der
Aktivität von Transkriptionsfaktoren, die wiederum eine Veränderung der
Genexpression auf der DNA verursacht. Dazu gehört auch der Transkriptionsfaktor NF-κB, der eine sehr wichtige Rolle bei entzündlichen Prozessen
spielt. Wie wir in Kap. 8 gesehen haben, ist das Immunsystem sehr komplex
und kann als großes Yin-Yang-Ereignis gesehen werden, bei dem sich Hunderte von Faktoren auf verschiedene Weisen ausbalancieren, um ein sehr
empfindliches Gleichgewicht zu erreichen. Nicht nur die gewählte Art der
Abwehr ist sehr wichtig, sondern auch die Stärke der Reaktion und der Ort
im Körper. Wenn beispielsweise gegen eine bakterielle Infektion in einem
Muskel aggressiv vorgegangen wird und danach Narbengewebe entsteht, ist
das kein Problem. Aber mit dem gleichen Ablauf im Auge würde man er-
blinden. Nicht nur die entzündliche Reaktion ist sehr komplex, sondern es
wird noch komplizierter, weil diese entzündlichen Faktoren auch mit dem
Gehirn interagieren. Wenn Sie eine schwere Grippe haben, sind Sie erschöpft, können keine Geräusche oder Licht ertragen, haben Ihren Appetit
verloren und haben hohes Fieber. Sie könnten auch starke Kopfschmerzen
bekommen und wenn Sie sich am Ende besser fühlen, sind Sie trotzdem
noch sehr schwach und haben kaum Kraft in Ihren Muskeln. All diese Symptome werden durch die Wechselwirkung des Immunsystems mit dem Gehirn verursacht.
Jede Infektion hat ihre eigene spezielle Kombination von Entzündungsfaktoren, die ein erkennbares Krankheitsmuster ergeben. Masern haben rote
Flecken und auch Windpocken oder Gürtelrose haben ihre eigenen unver-
kennbaren Symptome. Dies macht es einfach, Infektionskrankheiten zu diagnostizieren. Aber Pandoras immunologische Box ist gefüllt mit Hunderten
von Faktoren und wenn sie im Falle von chronischem Stress geöffnet wird,
können die unterschiedlichsten Kombinationen auftreten. Daher sind die
Auswirkungen von chronischem Stress individuell sehr unterschiedlich und
unvorhersehbar. Bei einer Person herrschen Schmerz und Angst vor, während
bei einer anderen Erschöpfung und Depression überwiegen. Wo es bei viralen
oder bakteriellen Infektionen Klarheit gibt, gibt es bei chronischem Stress
eine unvorhersehbare Kombination von Symptomen. Die Auswirkungen die-

ser Entzündungsprofile sind recht variabel, können aber als Unwohlsein zusammengefasst werden. Dieses „Unwohlsein" umfasst eine breite Palette von Zuständen, die oft unter der Überschrift „somatisch unzureichend erklärte körperliche Beschwerden" versteckt sind, bei denen ständig darüber gestritten wird, ob sie „Krankheiten" sind oder nicht. Diese Verwirrung ist das traurige Erbe von Descartes, der behauptet, dass nur die Logik unser Dasein beherrschen würde und Gefühle keine Rolle spielen.

Es ist möglich, alle Arten von Entzündungsfaktoren im Blut zu messen, aber diese zeigen nur an, dass es ein verändertes Entzündungsprofil gibt, ohne Einblick, wo und wie stark die Entzündung auftritt. Was passiert wirklich bei Burn-out oder ME/CFS?

Wenn Sie die Wiki-Definition von ME nachschlagen, macht das auch nicht viel her, aber Sie werden zumindest die Ernsthaftigkeit verstehen.

„Myalgische Enzephalomyelitis (ME) bedeutet Entzündung des Rückenmarks (Myelitis) und/oder des Gehirns (Enzephalitis) in Verbindung mit Muskelschmerzen (Myalgie). Patienten erleben entkräftigende körperliche und geistige Erschöpfung in Verbindung mit Bewegung, Muskelschmerzen, grippeähnliches Unwohlsein, abnorme Erschöpfung, die nicht durch Schlaf behoben wird, und andere Symptome, einschließlich Konzentrations- und Kurzzeitgedächtnisverlust, Schlafstörungen, Dyslexie, Gleichgewichtsstörungen, Licht- und Lärmempfindlichkeit sowie Alkoholintoleranz, Stimmungsschwankungen, Seh- und Magenprobleme – die Symptome variieren und schwanken." (eigene Übersetzung)

Das chronische Erschöpfungssyndrom (CFS) kann nicht wirklich von ME unterschieden werden und wird daher als ME/CFS zusammengefasst. Burn-out fällt in die gleiche Kategorie des Leids.

Laut Wiki: *„Burn-out ist eine physiologische Störung, bei der der Patient emotional und körperlich erschöpft ist und wenig oder gar nichts leisten kann."* (eigene Übersetzung)

Viele dieser Symptome können durch die Wechselwirkung des Immunsystems mit dem Gehirn erklärt werden, aber wie kann man feststellen, dass es Entzündungen im Gehirn gibt?

Nur ein kleiner wissenschaftlicher Hintergrund: Die Immunzellen, die an Entzündungen im Gehirn beteiligt sind, werden Astrozyten und Mikrogliazellen genannt. Wenn diese Zellen durch Entzündungsfaktoren aktiviert werden, exprimieren sie einen bestimmten Rezeptor auf ihrer Oberfläche, das Translokatorprotein 18kDa. Wenn Sie nun eine bestimmte Substanz herstellen, die spezifisch an diesen Rezeptor binden kann, und sie so markiert haben, dass sie in einem PET-Scan sichtbar wird, können Sie zwischen aktiven und inaktiven Immunzellen im Gehirn unterscheiden. Auf diese Weise wurde gezeigt, dass mit ME/CFS eine Entzündung in verschiedenen lebenswichtigen Teilen des Gehirns einhergeht [148].

Das Problem liegt also tatsächlich im Kopf, denn diese Entzündungen waren an vielen Stellen im Gehirn nachweisbar, aber auch stark im limbischen System vorhanden, wo die Gefühle sitzen, wie in Thalamus, Amygdala und Hippocampus. Die Intensität der Entzündung in diesen Bereichen korrelierte direkt mit dem Grad an kognitiver Beeinträchtigung, Depression, Erschöpfung, Schmerzempfindlichkeit und Nervosität.

Wenn man das Blut dieser Patienten untersucht, gibt es einige Unterschiede in den Entzündungsfaktoren (z. B. Gamma-Interferon), aber es ergibt sich kein eindeutiges signifikantes Bild. Daher führen Blutdiagnostiken nicht weiter und dies erklärt, warum eine einfache Standarddiagnose nur zu dem Schluss führen kann, dass körperliche Symptome somatisch unzureichend erklärt sind.

Bei Burn-out misst man auch starke Veränderungen in der Struktur und Funktion des Gehirns [149].

Veränderungen treten nicht nur in den einzelnen Bereichen des Gehirns auf, sondern auch in der Zusammenarbeit zwischen diesen Bereichen. Die funktionale Konnektivität zwischen der Amygdala und dem präfrontalen Kortex ist betroffen, wobei diese Zusammenarbeit so wichtig für die korrekte Verarbeitung von Emotionen ist [150].

Im Falle von Burn-out, aber auch anderen Zuständen wie ME/CFS, Fibromyalgie und weiteren, ist es schwierig, sofort eine messbare Ursache zu finden. Es gibt viele Probleme und das Unwohlsein ist in seiner Zusammensetzung sehr heterogen. Es tritt eine kaleidoskopische Kombination von körperlichen Phänomenen auf, die eine klare Diagnose unmöglich macht. Dies, kombiniert mit einer großen Dosis psychischer Beschwerden, bedeutet, dass das klassische medizinische Denken über Ursache und Wirkung von Krankheiten in großen Schwierigkeiten steckt. Weil das klassische Bild von Krankheiten, das früher hauptsächlich durch Infektionskrankheiten bestimmt wurde, immer noch stark dominiert, wird oft nicht akzeptiert, dass persönliche und soziale Lebensbedingungen eine direkte Quelle von Krankheiten sind. Daher ist die häufig vorgeschlagene Lösung zu einfach; wenn es keine klaren körperlichen und messbaren Ursachen gibt, können diese Zustände keine echten Krankheiten sein, sondern eher etwas Vages zwischen den Ohren. Wenn die Symptome jahrelang anhalten, dann ist das Unverständnis vollkommen.

Aus diesem Grund wird im Burn-out-Bereich zu oft nach einer einfachen Erklärung gesucht. Es gibt chronischen Stress, also wird nach einer Weile das Stresssystem erschöpft sein. Die Nebenniere, ein wichtiger Produzent von Stresshormonen, wäre übermüdet. Dies ist jedoch etwas zu kurz gedacht und nach der Analyse vieler Studien kann man schlussfolgern, dass diese „Nebennierenmüdigkeit" als solche nicht existiert. [151] aber dass es eine Störung der Nebennierenfunktion gibt.

Im Fall von Burn-out sollte man nicht nach einzelnen messbaren Fakten suchen, sondern eher an eine gestörte Wechselwirkung mehrerer lebenswichtiger Bereiche denken. Die veränderten Genexpressionsmuster, die durch chronischen Stress induziert werden, beeinflussen die Wechselwirkung zwischen dem Immunsystem, Gehirnstrukturen und -funktionen, Stoffwechsel, der HPA-Achse, mit all ihren Stresshormonen, Epigenetik und obendrauf die Darmflora, das Mikrobiom.

Um die wahre Komplexität von Burn-out zu veranschaulichen, hier eine langweilige, aber beeindruckende Liste mit einem Mindestmaß an Dingen, die falsch laufen [152].

In der **Hypophyse**: Oxytocin (das Wohlfühlhormon) und GHRH (Wachstumshormon) sind vermindert.

CRH, POMC und ACTH (Stresshormone) sind erhöht.

Die negative Rückkopplung von Stresshormonen auf ihre eigene Produktion ist gestört, was die Rückkehr in den Ruhezustand stört.

Die **Nebenniere**: *hyperaktiv* in der Produktion von Cortisol, das auch zu langsam durch das Enzym 11β-HSD2 abgebaut wird. *Hypoaktiv* aufgrund der Deregulierung mehrerer Systeme, wie zum Beispiel einer unzureichenden Produktion von Adrenalin und Noradrenalin für die Rückkopplungsregulation von ACTH.

In der **Schilddrüse**: Das inaktive Schilddrüsenhormon T4 muss in das aktive T3 umgewandelt werden, das Hormon, das den Stoffwechsel antreibt. Diese Umwandlung von T4 zu T3 durch das Enzym 5′-Deiodinase wird gehemmt.

In der **Zirbeldrüse**: Die Produktion des Schlafhormons Melatonin ist reduziert.

Das Enzym Tyrosinhydroxylase ist reduziert. Dies verringert die Bildung von L-Dopa, das als Vorläufer für die wichtigen Neurotransmitter Dopamin, Adrenalin und Noradrenalin dient.

Im **Immunsystem**: Entzündungsfaktoren sind erhöht, wie zum Beispiel IL-1, IL-6, Interferon und TNF-α. Anti-entzündliche Faktoren wie IL-10 sind reduziert.

Im **autonomen Nervensystem**: Das Gleichgewicht zwischen dem sympathischen und parasympathischen Nervensystem ist gestört. Das sympathische System, das Organe und Körperfunktionen aktiviert, ist überaktiv, während das parasympathische System, das alles beruhigt und ein gesundes Gleichgewicht herstellt, gehemmt ist.

Im **zentralen Nervensystem**: strukturelle und funktionelle Veränderungen.

Mit einem funktionellen MRT wurden Unterschiede in mehreren Gehirnbereichen gemessen, wie zum Beispiel in Amygdala, Hippocampus, präfrontalem Kortex, Nucleus caudatus und Putamen. Nicht nur die Funktionen ändern sich, sondern es gibt auch Unterschiede im Volumen dieser Gehirnregionen.

Neuro-Entzündung: Entzündungen werden in mehreren Bereichen gemessen, insbesondere im limbischen System.

Wachstumsfaktoren: Die Wachstums- und Erhaltungsfaktoren BDNF und GDNF, die für das Gehirn essenziell sind, sind reduziert, was zu einem erhöhten Nervenabbau und und erhöhter Mortalität führt.

Wenn man diese Liste von Veränderungen betrachtet, wird klar, warum Burn-out eine so breite Palette von physischen und psychischen Symptomen hat. Jede Beschwerde ist das Ergebnis einer Kombination von vielen Faktoren, die von Individuum zu Individuum variieren. Einige Beschwerden können noch auf eine vernünftige Weise erklärt werden, wie zum Beispiel Müdigkeit. Dies ist teilweise auf die Wechselwirkung von immunologischen Faktoren wie IL-6 mit den verschiedenen Bereichen im Gehirn und im Hirnstamm zurückzuführen, die an Schlaf und Müdigkeit beteiligt sind. Diese Müdigkeit ist somit unabhängig von Anstrengung. Eine andere Möglichkeit, Müdigkeit zu erklären, ist die veränderte Schilddrüsenaktivität. Da die Zirbeldrüse auch zu wenig Melatonin produziert, ist der Schlafmechanismus gestört, was zu schlechtem Schlaf führt, wodurch man noch müder wird.

Wenn wir andere Beschwerden erklären wollen, wie Konzentrationsstörungen, wird es wirklich kompliziert. Wir müssen dann die Wechselwirkungen und Aktivitäten vieler Gehirnbereiche kombinieren, die durch Entzündungsprozesse und Mangel an Wachstumsfaktoren, wie BDNF, funktionell und strukturell verändert wurden.

Als ob das nicht genug wäre, beeinflusst ein schweres Burn-out auch die Enzyme, die an der Blockierung von Genen beteiligt sind, und dies kann zu einer großen Anzahl von epigenetischen Veränderungen in der DNA führen. Die vielen ungünstigen Veränderungen sind auch dauerhaft in der DNA verankert. Das Gen des sehr wichtigen Nervenerhaltungsfaktors (BDNF) ist teilweise blockiert, ebenso wie das wichtige Schilddrüsenenzym, Tyrosinhydroxylase (TH). Die Verbindung zwischen Nervenzellen wird durch die Synapsen hergestellt, die dafür sorgen, dass das Signal weitergegeben wird. Alle Arten von wichtigen Komponenten in den Synapsen werden epigenetisch beeinflusst, was dazu führt, dass Nerven dauerhaft anders funktionieren.

Der chronische Stress von Burn-out verändert nicht nur vorübergehend die Genexpression auf der DNA, was eine Vielzahl von Problemen verursacht, sondern kann dieses Leiden auch durch epigenetische Prozesse in der DNA verankern. Dies könnte einer der Gründe sein, warum ein Burn-out so lange dauert und sogar zu dauerhaften Schäden führen kann [153].

Obwohl es nicht einfach ist, können epigenetische Prozesse dennoch umgekehrt werden. Das Wissen über das Entfernen von epigenetischen Blockaden steckt noch in den Kinderschuhen, aber es ist klar, dass bestimmte Vitamine, Kofaktoren und andere spezifische Verbindungen aus ernährungsphysiologischer Sicht eine große Wirkung haben können [154].

Burn-out, was tun?

Die eigentliche Lösung ist sehr einfach, aber fast unmöglich.

Zurück zu den sozialen Strukturen, die auf Vertrauen und persönlicher Verantwortung basieren.

Aus allen Definitionen zum Thema Burn-out geht immer das Konzept von arbeitsbedingtem Stress hervor. Organisationen und Unternehmen haben in den letzten Jahren immer mehr Strukturen entwickelt, in denen die menschlichen Werte des Mitarbeiters, wie Beitrag, Verantwortung, Qualität und Arbeitszufriedenheit, durch erstickende Kontrollbürokratie, Vorschriften und Protokolle ersetzt wurden, mit dem einzigen Ziel des finanziellen Gewinns. Diese Entwicklungen, die Menschen ihrer Würde berauben, sind die wahren Gründe hinter dem Phänomen Burn-out.

Die Lösung für den Burn-out-Patienten, indem er sich etwas Ruhe gönnt und vorübergehend nicht arbeitet, hat keine wirkliche Auswirkung, weil die Ursache außerhalb von ihm liegt. Ein weiteres großes Problem, dem oft nicht genug Aufmerksamkeit geschenkt wird, ist die Konditionierung, die stattgefunden hat. Bei einer konditionierten Reaktion wird eine irrelevante Wahrnehmung mit einer physischen Reaktion kombiniert. Das klassische Beispiel ist die Pawlow-Reaktion, bei der ein Hund so konditioniert wird, dass er beim Klang einer Glocke Speichel produziert. Der Burn-out-Patient verbindet alle möglichen zufälligen Umweltfaktoren mit der Arbeitsbelastung, was dann die physische Stressreaktion auslöst. Zum Beispiel kann das Öffnen einer zufälligen E-Mail mit Arbeitsstress in Verbindung gebracht werden oder das Radfahren durch eine bestimmte Straße. Eine solche emotionale Assoziation führt zu einer physischen Reaktion, als Folge davon kann zum Beispiel die IL-6-Konzentration im Blut nach anderthalb Stunden um das Zehnfache gestiegen sein, was zu einem Gefühl von Müdigkeit führt [155].

So können Sie sich durch eine Reihe von täglichen konditionierten emotionalen Assoziationen buchstäblich kontinuierlich ausgebrannt fühlen.

Solange es keine sozialen Veränderungen gibt, wird Burn-out ein großes Problem bleiben. Die betroffene Person kann sich entweder dafür entscheiden, die Symptome zu bekämpfen, oder sie kann dies als Signal sehen, ihr Leben auf drastische Weise zu ändern.

21

Gefühle existieren nicht, sie entstehen

Aristoteles war ein weiser Mann, der sagte: „Das Ganze ist mehr als die Summe seiner Teile."

Um jedoch ein komplexes System verstehen zu können, ist es ein effektiver Ansatz, das Ganze zunächst in Teile zu zerlegen und diese dann genauer zu untersuchen. In einem sehr komplexen System werden diese Teile immer wieder unterteilt, bis eine Ebene erreicht ist, die letztendlich analysiert werden kann. Dieser reduktionistische Ansatz geht davon aus, dass eine komplexe Einheit auf eine Sammlung kleinerer, grundlegender Einheiten zurückgeführt werden kann. Die zeitgenössische Wissenschaft ist sehr reduktionistisch und mit diesem Ansatz sehr erfolgreich. Aber das kommt eigentlich der Aussage gleich: „Das Ganze ist die Summe seiner Teile".

Aber was ist mit Aristoteles?

Wenn wir uns die medizinische Wissenschaft ansehen, wie funktioniert ein solcher reduktionistischer Ansatz?

Ausgehend von der Biologie gehen wir über zur Biochemie und dann zur Chemie, die wiederum auf die Physik reduziert werden kann, und durch Mathematik gelangen wir auf die Ebene der Logik.

Hier sind wir bei Platons Logos und Descartes' Denken angekommen. Logos ist die Rationalität, die uns vom Tier unterscheidet. Darüber hinaus hatte Platon menschliche Emotionen in männliche Emotionen, Thymos, und weibliche Emotionen, Eros, unterteilt. Er verglich die Seele des Menschen mit einem von zwei Pferden gezogenen Wagen. Rationales Denken ist der Wagenlenker und die beiden Gefühle, Thymos und Eros, sind die Pferde, die von Logos kontrolliert werden. Im 17. Jahrhundert hat Descartes das logische Denken weiter aufgewertet, indem er sagte: „Ich denke, also bin ich".

P. J. A. Capel, *Die emotionale DNA*, https://doi.org/10.1007/978-3-662-71831-5_21

Aber sind Platons Emotionen dem Logos so untergeordnet und nicht relevant für Descartes' Ansatz? Man muss sich nur umschauen, um zu sehen, dass Logos im menschlichen Handeln bald gegenüber Eros verliert. Und in der Politik gibt es überhaupt kein Logos. Hier dominiert Thymos, in Form von Emotionen wie Macht und Stolz, aber oft setzt Eros der politischen Karriere ein Ende.

Mit reduktionistischem Denken ist es einfach, ein Haus auf Ziegel, Zement und alle anderen Bauteile zu reduzieren. Aber alle zusammengefügten Komponenten ergeben noch kein Haus. Die Form, oder die räumliche Ausrichtung aller Elemente, bestimmt letztendlich das Haus. Diese räumliche Ausrichtung ist in den isolierten Elementen nicht zu finden.

Ein weiteres wunderbares Beispiel ist ein Vogelschwarm. Die reduktionistische Einheit eines Schwarms ist der einzelne Vogel, aber mit diesem einzelnen Vogel ist es unmöglich, den Mechanismus des Schwarms zu studieren. Es ist die dynamische Interaktion der Vögel, die zusammen den Schwarm erzeugen, wie in Abb. 21.1 zu sehen ist.

Der Begriff für dieses Phänomen ist Emergenz. Emergenz bedeutet, dass ein System Eigenschaften aufweist, die in seinen Bestandteilen nicht zu finden sind, aber dass diese neue Eigenschaft durch die Interaktion der Teile entsteht.

Das beste Beispiel für Emergenz ist das Leben. Es ist die dynamische Interaktion zwischen allen Zellen und Molekülen, die diese neue Entität, das Leben, erzeugt. Sobald die Dynamik dieser Interaktionen aufhört, tritt der

Abb. 21.1 Vogelschwarm

Tod ein und es wird schmerzlich klar, dass das Leben nicht nur eine Menge Zellen und Moleküle ist. Ein reduktionistischer Ansatz zum Leben erzeugt Wissen über die Bestandteile, wie Organe, Blut usw. Aber mit diesem Schritt geht das wesentliche Verständnis davon, worum es im Leben geht, verloren, denn das Wesen des Lebens liegt nur in der dynamischen Interaktion. Im reduktionistischen Denken gehen Sie Schritt für Schritt zurück und verlieren Teile des wesentlichen Überblicks. Bei der Untersuchung emergenter Phänomene müssen Sie einen Schritt weiter gehen und dann tauchen aus dem Nichts völlig neue Dinge auf. Das Leben ist so konkret und abstrakt wie ein Tanz. Das Schöne am Reduktionismus ist, dass man immer tiefer in die Art des Denkens eindringt, die von Logos dominiert wird. Wenn das Denken in die entgegengesetzte Richtung geht, wird der Einfluss von Logos immer geringer, denn in den dynamischen Interaktionen gibt es mehr Freiheitsgrade, die spontan wechseln können, ohne Ursache und Wirkung, und daher über den Logos hinausgehen.

Unser Denken ist seit Jahrhunderten in Reduktionismus und falschen Gewissheiten mariniert. Deshalb ist Einsteins Relativitätstheorie, in der er sagt, dass alles relativ ist, schwer zu verstehen. Sie zeigt, dass die Realität auf dynamischen Interaktionen zwischen dem Beobachter und dem Beobachteten basiert, wo es keine Gewissheiten gibt und alles relativ ist. Wenn Sie im Verständnis der Realität weiter voranschreiten, kommen Sie in das Gebiet der Quantenmechanik. Dort ist Materie nichts anderes als Wahrscheinlichkeiten zwischen dynamischen Interaktionen von wellenförmigen Feldern und vom Logos bleibt wenig übrig. Die meisten Symptome treten spontan auf, ohne jegliche Ursache. Selbst für Einstein war diese Denkweise nicht mehr akzeptabel, weil er sich aufgrund seiner Religion nicht vom Ursache-Wirkung-Prinzip trennen konnte. Dies führte zu seiner berühmten Aussage: „Gott würfelt nicht".

Wenn Sie das klassische reduktionistische Denken aufgeben und Raum schaffen für das, was erscheint, wenn Sie sich auf die dynamischen Interaktionen zwischen den Komponenten konzentrieren, gelangen Sie in eine wunderschöne Welt. Dann sind die Dinge, die entstehen, von einer völlig anderen Ordnung als die einfache Art, wie wir Materie beschreiben. Diese Ereignisse sind jedoch sehr real, auch wenn sie nicht greifbar sind; es handelt sich um emergente Prozesse wie Leben, Tanz und sogar Gravitation.

Vor kurzem postulierte der niederländische Physiker Erik Verlinde, dass Gravitation als solche nicht existiert, sondern ein emergentes Phänomen ist, das aus speziellen quantenmechanischen Interaktionen entsteht [156]. Seine Argumentation ist schön und sehr überzeugend, aber um nichts von dieser Vision zu verpassen, die die Gravitation über die Materie erhebt, sollte man nicht starr und logisch denken. Letztendlich läuft es auf die Tatsache hinaus, dass materielle Partikel, außerhalb von Raum und Zeit, miteinander verschränkt sind. Durch diese Verbindung außerhalb von Raum und Zeit induziert die Verschränkung eine höhere Ordnung der Organisation von Materie. Diese höhere Organisation verursacht eine Änderung der Entropie und die Kraft, die aus der veränderten Entropie entsteht, ist die Gravitation. Gravitation existiert nicht, sondern entsteht aus der Interaktion der Materie auf einer höheren Ebene. Die Existenz der Verschränkung, bei der Informationen zwischen Partikeln ausgetauscht werden, außerhalb von Raum und Zeit, wurde tausendfach zweifelsfrei bewiesen. Diese Information bewegt sich nicht nur schneller als mit Lichtgeschwindigkeit, sondern ist unmittelbar, ohne dass Zeit eine Rolle spielt. Dies war für Einstein ein totaler Horror, denn es untergräbt das logische Denken, das auf dem Mechanismus von Ursache und Wirkung basiert. Schade für Einstein, aber Verschränkung ist real. Es stellt sich heraus, dass Platons Logos nur in einem sehr begrenzten Bereich der Natur anwendbar ist.

Einsteins Relativitätstheorie hebt das Denken bereits über den Logos hinaus und in der Quantenmechanik ist diese Denkweise noch komplexer und reduziert die Relativität auf ein Kinderspiel. Rationales Denken mit seiner Logik ist zu primitiv, um die Realität zu beschreiben.

Was sind die Konsequenzen, wenn wir auf der Ebene des logischen Denkens beginnen und von dort aus den reduktionistischen Weg einschlagen? Oder wenn wir den anderen Weg gehen, in die emergente holistische Richtung, in der die Kombination der Teile unerwartet neue, immaterielle, aber sehr reale Kräfte erzeugt, die das „Mehr" als die Summe der Teile ergibt?

Die aktuelle medizinische Wissenschaft ist sehr reduktionistisch und geht sogar so weit, dass eine scharfe Trennung zwischen den Fachgebieten geschaffen wurde. Dies wird so umgesetzt, dass jedes Organ oder System in einem Krankenhaus auch an getrennten Standorten untergebracht ist, wobei die Kommunikation zwischen diesen Abteilungen oft nicht den Hauptpreis verdient. Dies ist auch in der Medizin der Fall. Die Reduktionismus-Theorie, die die Medizin seit Jahrhunderten dominiert, hat uns viele Erkenntnisse und Fortschritte gebracht. Aber sie hat auch ihre Grenzen. Es ist an der Zeit, dass wir diese Grenzen erkennen und uns für eine ganzheitlichere Sichtweise öffnen, die die dynamischen Wechselwirkungen zwischen den verschiedenen Systemen unseres Körpers berücksichtigt. Nur so können wir die komplexen Krankheitsbilder, mit denen wir konfrontiert sind, vollständig verstehen und effektiv behandeln. Eine ganzheitliche Integration von Symptomen und Störungen ist daher selten.

Nur kurz zu Aristoteles. Es ist klar, dass das Ganze mehr ist als die Summe seiner Teile. Dieses „Mehr" liegt in der dynamischen Wechselwirkung der Komponenten. Diese Wechselwirkungen sind sehr konkret und erzeugen

Kräfte, jedoch sind sie in ihrer isolierten Form für den reduktionistischen Denker nicht greifbar. Wir nennen das Abstraktionen, die Form eines Hauses als solches ist nicht greifbar. Die dynamische Wechselwirkung zwischen zwei Menschen hat Form und Kraft. Im positiven Sinne nennen wir das Liebe, im negativen Sinne nennen wir es Hass. Liebe und Hass sind konkrete Phänomene und können große Kräfte erzeugen, aber sie sind keine Objekte und sie sind nicht einmal Materie.

In der Medizin liegt der Fokus hauptsächlich auf den einzelnen Komponenten und weniger auf den dynamischen Wechselwirkungen zwischen all diesen Systemen. Was wir dann sehen, ist, dass im Bereich dieser Wechselwirkungen Prozesse und Kräfte entstehen, die in der reduktionistischen oder klassischen Medizin nicht oder kaum erkannt werden.

Wenn wir eine emergente oder ganzheitliche Sicht auf Krankheiten einnehmen, müssen wir weiter gehen als nur auf die Funktion der Organe, die Konzentration von Hormonen usw. zu schauen. Diese sind zwar notwendige Bestandteile, um Einblick in den aktuellen Zustand des Patienten zu bekommen, aber wenn wir auf dieser Ebene bleiben, können viele wesentliche Dinge übersehen werden.

Dies sind die biologischen Phänomene, die aus der dynamischen Wechselwirkung der verschiedenen physischen Komponenten entstehen, aber nicht greifbar, real und kraftvoll sind. Dies sind Gefühle und sie treten in einer Wechselwirkung zwischen biochemischen Systemen auf.

Gefühle existieren nicht, sie entstehen!

Schmerz existiert nicht, sondern ist das Ergebnis der komplexen Wechselwirkung der Rezeptoren in Geweben, der Anzahl der Nerven, die an der Schmerzleitung beteiligt sind, der Menge an Trimeren der ASIC1a-Rezeptoren in den Synapsen, der Menge an Substanz P, dem Grad der Stimulation von GABA-Rezeptoren, Beobachtungen aus der Umgebung usw. Rein reduktionistischer Schmerz existiert nicht. Schmerz ist das Ergebnis der Wechselwirkung vieler Systeme und als solcher kann er nicht gemessen werden und ist auch sehr beeinflussbar. Angst existiert nicht, sondern ist das nicht messbare Ergebnis sehr vieler komplexer Wechselwirkungen, einschließlich vergangener Erfahrungen. Aber existieren Schmerz und Angst nicht? Depression existiert auch nicht als lokalisierbares oder messbares Element. Es handelt sich um ein sehr komplexes Zusammenspiel wiederum sehr komplexer Wechselwirkungen zwischen Neurotransmittern, Stoffwechsel, Immunfunktionen, sogar Darmflora, aber es ist sehr real und es bestimmt in hohem Maße die Lebensqualität.

Gefühle existieren nicht im reduktionistischen Sinn, weil sie keine an sich existierenden Entitäten sind; sie entstehen aus Wechselwirkungen mit anderen Systemen und sind daher emergent. Bedeutet das, dass Gefühle nicht existieren und keine Kraft haben?

Hierin liegt das Problem in der medizinischen Welt. Über 2000 Jahren hinweg wurde reduktionistisches Denken angewendet und die verschiedenen Systeme wurden identifiziert. Das Ergebnis ist fantastisch, es wurden komplexe Moleküle entschlüsselt und es können die fortschrittlichsten Messungen durchgeführt werden. Allerdings gibt es auch eine Kehrseite dieses Prozesses, nämlich dass der ganzheitliche Ansatz verdrängt wird. Es geht sogar so weit, dass das medizinische Handeln protokolliert wird, als ob alles messbar, logisch und vorhersehbar wäre. Leider ist in all diesen Protokollen kein Platz für Gefühle. Aber wie schlimm ist das?

Wenn Gefühle wenig Bedeutung hätten, wäre das nicht so schlimm, aber das Gegenteil ist der Fall. Unser Kontakt mit der Außenwelt erfolgt über die Sinne und geht zunächst zum limbischen System, wo jede Wahrnehmung über die Amygdala eine Wertbeurteilung erhält, nach der sie mit allen emotionalen Erinnerungen aus der Vergangenheit verknüpft wird. Dies führt zu dynamischen Wechselwirkungen zwischen allen Arten von Teilen des limbischen Systems, mit den zugehörigen Neurotransmittern, und dann entsteht aus diesen komplexen Wechselwirkungen ein Gefühl.

Abhängig vom endgültigen Gefühl, das sich gebildet hat, geht die Hormonfabrik in der Hypophyse in Betrieb. Sie setzt eine große Menge verschiedener Hormone frei, die zusammen mit den vielen Nervenkreisen den gesamten Körper beeinflussen. Abgesehen davon, dass diese Hormone ihre spezifische Aktivität haben, können sie auch andere Funktionen auslösen. Zum Beispiel bildet das Hormon Cortisol zusammen mit seinem Rezeptor einen Transkriptionsfaktor, der 20 % unserer Gene auf der DNA steuert. Darüber hinaus ändern viele andere Transkriptionsfaktoren ihre Aktivität, basierend auf dem ursprünglichen Gefühl. Dies kann zu epigenetischen Veränderungen in der DNA führen, die lebenslang wirken und sogar ein Echo erzeugen können, das bis zu drei Generationen anhält.

Gefühle dominieren die Funktion unseres Körpers und stellen der Basis unserer Gesundheit dar. Der Nobelpreis für Medizin 2009 wurde für eine Studie vergeben, die zeigt, dass Gefühle von Stress die Lebensspanne des Menschen direkt beeinflussen, indem sie die Telomere auf der DNA verkürzen. Das Immunsystem steht in direktem Kontakt mit dem zentralen Nervensystem und Gefühle steuern den Grad der chronischen Entzündung. Unser gesamter Stoffwechsel, bis hin zur Darmflora, wird teilweise von unseren Gefühlen gesteuert. Fast alle Krankheiten, die mit der westlichen Zivilisation in Zusammenhang stehen, haben eine starke Verbindung mit unseren Gefühlen.

Weil das medizinische Denken in der reduktionistischen Logik stecken bleibt, unterschätzt oder übersieht man sogar die Kräfte der immateriellen, aber realen Gefühle wie Schmerz, Einsamkeit, Angst, Hoffnung und Liebe.

Diese Gefühle entstehen aus der dynamischen Wechselwirkung der zugrunde liegenden biochemischen Prozesse. Aber während man den Effekt von Gefühlen als ernsthaften Faktor nicht anerkennen will, werden Milliarden ausgegeben, um den Effekt dieser Gefühle zu bestimmen. Dies erfolgt in Doppelblindstudien Komnmt das häufiger? Es muss nämlich Doppelblindstudie heißen., die darauf abzielen, den Einfluss von Gefühlen auf die Heilung, den Placebo-Effekt, zu eliminieren. Die Wechselwirkung zwischen Arzt und Patient erzeugt Gefühle wie Hoffnung. Diese Gefühle sind so wichtig und kraftvoll, dass sie den Heilungsprozess in hohem Maße bestimmen. Mit einem guten, positiven Gespräch bekommt sogar Pfefferminzbonbon eine magische Kraft. Dieser Placebo-Effekt ist sehr groß und leistet einen prozentualen Beitrag zum Heilungsprozess, der oft über 50 % übersteigt [157]. Umfangreiche Studien wurden zu diesem Placebo-Effekt durchgeführt, und in jeder Situation haben Aufmerksamkeit und Verständnis der Situation in Kombination mit Hoffnung und einem positiven Bild immer einen unwahrscheinlich hohen Effekt. Der neurobiologische Mechanismus des Placebo-Effekts ist ungefähr das Gegenteil der Stressreaktion. Durch die Wechselwirkung zwischen Arzt und Patient treten große, messbare Veränderungen in den Gehirnaktivitäten, Stresshormonen, Endorphinen usw. auf [158]. Was den gesamten Placebo-Effekt betrifft, liegt der größte Beitrag in der Qualität der Arzt-Patient-Beziehung [159]. Wenn der Arzt weiß, dass er ein Placebo gibt, wird er weniger überzeugend sein und der Effekt wird anders sein. Daher werden alle klinischen Studien doppelt blind durchgeführt, sodass der Arzt nicht weiß, ob er ein Placebo oder ein Medikament verschreibt. Ein weiterer auffälliger Effekt ist, dass das Placebo, wenn es sehr teuer ist, einen besseren Effekt hat als eine billigere Variante [160]. Der Placebo-Effekt wurde auch bei Knieoperationen untersucht, bei denen der Schmerz durch Arthritis verursacht wurde. Wenn nur ein Löffel verwendet wurde, ohne weitere Maßnahmen, war das Ergebnis das gleiche wie bei einer echten Operation [161]. Da der Placebo-Effekt Komponenten verwendet, die auch in der Stressreaktion aktiv sind, ist der Placebo-Effekt daher auch von der Genetik dieser Komponenten abhängig. Der genetische Hintergrund, in Bezug auf die Sensibilität für den Placebo-Effekt, ist nun teilweise kartiert. Daraus wird deutlich, dass Menschen je nach ihrer Genetik mehr oder weniger empfindlich auf Placebos reagieren [162]. Es ist schade, dass in der Medizin so viel Aufwand betrieben wird, ohne den Effekt von Gefühlen auf die Gesundheit zu berücksichtigen, während diese Gefühle doch so wichtig sind.

In der Entwicklung der Wissenschaft sind ständig neue Erkenntnisse entstanden, die die Gewissheiten der Vergangenheit widerlegen und eine neue Sicht auf die Welt erfordern. Dies gilt auch in der Medizin. Die Reduktionismus-

Theorie, die die Medizin seit Jahrhunderten dominiert, hat uns viele Erkenntnisse und Fortschritte gebracht. Aber sie hat auch ihre Grenzen. Es ist an der Zeit, dass wir diese Grenzen erkennen und uns für eine ganzheitlichere Sichtweise öffnen, die die dynamischen Wechselwirkungen zwischen den verschiedenen Systemen unseres Körpers berücksichtigt. Nur so können wir die komplexen Krankheitsbilder, mit denen wir konfrontiert sind, vollständig verstehen und effektiv behandeln. Realität. Konservatives Festhalten an alten Prinzipien und Vorurteilen ist keine ertragreiche Lebenseinstellung.

Diese enorme Entwicklung im Denken dauert nun schon mehr als ein Jahrhundert an und zeigt deutlich, dass es keine Gewissheiten gibt. Alles ist relativ und unsere Beobachtungen, seit der Quantenmechanik, erweitern sich über das physische Material hinaus. Auch die virtuelle Welt, außerhalb von Raum und Zeit, ist so zugänglich geworden, dass die ersten Anwendungen in Form von Quantencomputern bereits entwickelt werden.

Versuchen Sie, weiter zu gehen als mit einfacher Logik, mit einem offenen Geist für die immateriellen, aber realen Kräfte, die aus Gefühlen kommen. Überwinden Sie Vorurteile und lassen Sie sich nicht in das heutige krankmachende Hamsterrad hineinziehen, sondern streben Sie nach Harmonie statt nach Stress und Hast.

Wie man Stress abbaut und die Lebensqualität verbessert, ist in all diesen Kapiteln klar geworden. Es ist eigentlich sehr einfach und es kostet nichts, aber Sie müssen selbst entscheiden, ob Sie dies tun wollen oder nicht.

Der einzige Rat, den ich Ihnen geben möchte, ist:

Nehmen Sie Ihren Terminkalender, planen Sie sich jeden Tag eine halbe Stunde ein und lassen Sie diese Zeit nicht durch irgendetwas oder irgendjemanden stören. Wenn Sie keine Zeit für eine halbe Stunde haben, planen Sie eineinhalb Stunden ein.

Willkommen in der Welt der emotionalen DNA.

Literatur

1. Hermes GL, Delgado B, Tretiakova M, Cavigelli SA, Krausz T, Conzen SD, McClintock MK (2009) Social isolation dysregulates endocrine and behavioral stress while increasing malignant burden of spontaneous mammary tumors. Proc Natl Acad Sci USA 106(52):22393–22398
2. Bonab AA, Fricchione JG, Gorantla S, Vitalo AG, Auster ME, Levine SJ, Sichilone JM, Hegd M (2012) Isolation rearing significantly perturbs brain metabolism in the thalamus and hippocampus. Neuroscience 223:457–464
3. Fone KCF, Porkess MV (2008) Behavioural and neurochemical effects of post-weaning social isolation in rodents – Relevance to developmental neuropsychiatric disorders. Neurosci Biobehav Rev 32:1087–1102
4. Azar T, Sharp J, Lawson D (2011) Heart rates of male and female Sprague-Dawley and spontaneously hypertensive rats housed singly or in groups. J Am Assoc Lab Anim Sci 50(2):175–184
5. Vásquez B, Sandoval C, Smith RL, del Sol M (2014) Effects of early and late adverse experiences on morphological characteristics of Sprague-Dawley rat liver subjected to stress during adulthood. Int J Clin Exp Pathol 7(8):4627–4635
6. Hermes GL, McClintock MK (2008) Isolation and the timing of mammary gland development, gonadarche, and ovarian senescence: implications for mammary tumor burden. Dev Psychobiol 50(4):353–360
7. Hermes GL, Rosenthal L, Montag A, McClintock MK (2006) Social isolation and the inflammatory response: sex differences in the enduring effects of a prior stressor. Am J Phys Regul Integr Comp Phys 290(2):R273–R282
8. Yang L, Engeland CG, Cheng B (2013) Social isolation impairs oral palatal wound healing in sprague-dawley rats. PLoS One 8(8):e72359

9. Vitalo AG, Gorantla S, Fricchione JG, Scichilone JM, Camacho J, Niemi SM, Denninger JW, Benson H, Yarmush ML, Levine JB (2012) Environmental enrichment with nesting material accelerates wound healing in isolation-reared rats. Behav Brain Res 226(2):606–612

10. Ulrich RS (1984) View through a window may influence recovery from surgery. Science New Ser 224(4647):420–421

11. Cole SW, Hawkley LC, Arevalo JM, Sung CY (2007) Social regulation of gene expression in human leukocytes. Genome Biol 8:189

12. Epel ES, Blackburn EH, Lin J, Dhabhar FS, Adler NE, Morrow JD (2004) Accelerated telomere shortening in response to life stress. PNAS 101, 49:17312–17315

13. Epel E, Daubenmier J, Moskowitz JT, Folkman S, Blackburn E (2009) Can meditation slow rate of cellular aging Cognitive stress,mindfulness an telomeres. Ann N Y Acad Sci 1172:34–53

14. Jacobs TL, Epel ES, Lin J, Blackburn EH (2011) Intensive meditation training, immune cell telomerase activity, and psychological mediators. Psychoneuroendocrinology 36:664–681

15. McGregor BA, Antoni MH (2009) Psychological intervention and health outcomes among women treated for breast cancer: a review of stress pathways and biological mediators. Brain Behav Immun 23:159–166

16. Pisu MG, Garau A, Olla P, Biggio F, Utzeri C, Dore R, Serra M (2013) Altered stress responsiveness and hypothalamic-pituitary-adrenal axis function in male rat offspring of socially isolated parents. J Neurochem 126(4):493–502

17. Thiele I (2013) A community driven recontruction of human metabolism. Nat Biotechnol 31:419–425

18. Francis L (1976) Social organization within clones of the sea anemone Anthopleura elegantissima. Biol Bull 150:361–376

19. Martin W, Barros J, Kelley D, Rusell WJ (2008) Hydrothermal Vents and the origin of Life.q1. Nat Rev Microbiol 6:805–813

20. MW GB, Sutherland JD (2009) Synthesis of activated pyrimidine ribonucleotides in prebiotic plausible conditions. Powner, nature 459:239–242

21. Vasquerizas J et al (2009) A census of human transcription factors: function, expression and evolution. Nat Rev Genet 10:252–263

22. Oberlander T et al (2008) Prenatal exposure to maternal depression, neonatal methylation of human glucocoticoid receptor gene (NR3C1) and infant cortisol stress responses. Epigenetics 3:97–106

23. Gonzalez J, Barros-Loscertales A, Pulvermuller F (2006) Reading cinnamon activates olfactory brain regions, neuroimage 32:906–912

24. Hertz R, McCall C, Cahill L (1999) Hemispheric lateralization in the processing of odor pleasantness versus odor names. Chem Senses 24:691–695

25. Semin G, de Groot J (2013) The chemical bases of human sociality. Trends Cogn Sci 17:427–429

26. Smith M et al (2016) Social transfer of pain in mice. Sci Adv 9:e1600855

27. Yamazaki K, Beauchamp G (2007) Genetic basis for MHC-dependent mate choice. Adv Genet 59:129–135
28. Roberts S (2009) Complexity and context of MHC-correlated mating preferences in wild populations. Mol Ecol 18:3221–3123
29. Wiech K, Tracey I (2009) The influence of negative emotions on pain. Neuroimage 47:987–994
30. Wiech K, Ploner M, Tracey I (2008) Neurocognitive aspects of pain perception. Trends Cogn Sci 12:306–313
31. Goodin B, Bulls H (2014) Optimism and the experience of pain. Curr Pain Headache Rep 17:329–342
32. Wiech K et al (2009) An FMRI study measuring analgesia enhanced by religion as a belief system. Pain 139:467–476
33. Liu X et al (2012) Optogenic stimulation of a hippocampal engram activates fer memory recall. Nature 484:381–384
34. Redondo R et al (2014) Bidirectoral switch of the valence associated with a hippocampal contextual memory engram. Nature 513:426–429
35. Tamirez S et al (2015) Activating positive memory engrams supresses depression-like behaviour. Nature 522:336–339
36. Pegna A et al (2005) Discriminating emotional faces without primary visual cortices involves the right amygdala. Nat Neurosci 8:24–25
37. de Gelder M et al (2008) Intact navigation skills after bilateral loss of striate cortex. Curr Biol 18:R1128–R1129
38. Jolij J, Lamme V (2005) Repression of unconscious information by conscious processing: Evidence from affective blindsight induced by transcranal megnetic stimulation. PNAS 102:10747–10751
39. Soon C et al (2008) Unconscious determinants of free decisions in the human brain. Nat Neurosci 11:543–545
40. Chrousos G (2009) Stress and disorders of the stress system. Nat Rev Endocrinol 5:374–381
41. Takahashi L et al (2005) The smell of danger, a behavioral and neural analysis of predator odor-induced fear. Neurosci Biobehav Rev 29:1157–1167
42. Davidson R, McEwen B (2012) Social influences on neuroplasticity: stress and interventions tp promote well-being. Nat Neurosci 15:689–695
43. Feldman R et al (2016) Oxytocin pathway genes. Evolutionary ancient system impacting on human affiliation, sociality, and psychopathology. Biol Psychiatry 79:174–184
44. Lim M, Young L (2004) Vasopressin dependent neural circuits underlying pair bond formation in the monogamous prairie vole. Neuroscience 125:35–45
45. Ledford H (2008) Monogamous vole love-ratshock. Nature 451:617
46. Rasmussen H, Scheier M, Greenhuise J (2009) Optimism and physical health a meta-analytic review. Ann Behav Med 37:239–256
47. Schaller M et al (2010) Mere visual perception of other people's symptoms facilitates a more aggressive immune response. Psychol Sci 5:649–652

48. Muehsam D et al (2017) The embodied mind: a review on functional genomic and neurological correlate of mind-body therapies. Neurosci Biobehav Rev 73:165–181

49. Murphy M et al (2013) Targeted rejection triggers differential pro- and anti-inflammatory gene expression in adolescents as function of social status. Psychol Sci 1:30–40

50. Chung H et al (2009) Molecular inflammation: underoinnings od aging and age-related diseases. Ageing Res Rev 8:18–30

51. Wang P et al (2015) Oxytocin-secreting system: a major part of the neuroendocrine center regulating immunologic activity. J Neuroimmunol 289:152–161

52. Oliveira-Pelegrin G et al (2013) Oxytocin affects nitric oxide and cytokine production by sepsis-sensitized macrophages. Neuroimmunomodulation 20:60–71

53. Motita T et al (2004) Oxytocin inhibits the progression of human ovarian carcinoma cells in vitro and in vivo. Int J Cancer 109:525–532

54. Souza-Moreira L et al (2011) Neuropeptides as pleiotropic modulators of the immune response. Neuroendocrinology 94:89–100

55. Lipschitz D et al (2015) An exploratory study of the effects of mind – body interventions targeting sleep on salivary oxytocin levels in cancer survivors. Integr Cancer Ther 14:366–380

56. Newberg A, Alavi A, Baime M, Pourdehnad M, Santanna J, d'Aquili E (2001) The measurement of regional cerebral blood flow during the complex cognitive task of meditation. A preliminary SPECT study. Newberg Psychiatr Res Neuroimag 106:113–122

57. Uregesi C et al (2010) The spiritual brain selective cortical lesions modulate human self-transcendence. Neuron 65:309–319

58. Lutz A et al (2004) Long term meditators self induce high-amplitude gamma synchrony duuring mental practice. PNAS 101:16369–16373

59. Luders E et al (2009) The underlying anatomical correlates of long-term meditation: Larger hippocampal and frontal volumes of gray matter. Neuroimage 45:672–678

60. Gard T et al (2015) Greater widespread functional connectivity of the caudate in older adults who practice kripalu yoga and vipassana meditation than in controls. Front Hum Neurosci 9:1–12

61. Black D et al (2013) Yogic meditation reverses NF-kB and IRF relate transcriptome dynamics in leukocytes of family dementia caregivers in a randomized controlled trial. Psychoneuroendocrinology 38:348–355

62. Kaliman P et al (2014) Rapid changes in histone deacetylases and inflammatory gene expression in expert meditators. Psychoneuroendocrinology 40:96–107

63. Blackburn E (2009) Telomers and telomerase: the means to the end (nobel lecture). Angew Chem Int Ed Engl 49:257–280

64. Jacobs T et al (2011) Intensive meditation training, immune cell telomerase activity and psychological mediators. Psychoneuroendocrinology 36:664–681

65. Ornish D et al (2013) Effect of comprehensive lifestyle changes on telomerase activity and telomere lenght in men with biopsy-proven low-risk prostate cancer: 5 year follow-up os a descriptive pilot study. Lancet Oncol 14:1112–1120
66. Blackburn E, Epel E, Lin J (2015) Human telomere biology: A contributory and interactive factor in aging, disease risks and protection. Science 350:1193–1198
67. Parracho H et al (2005) Differences between teh gut microflora of children with autistic spectrum disorders and that of healthy children. J Med Microbiol 54:987–991
68. Iwaka M, Ota K, Duman R (2013) The inflammasome: pathways linking psychological stress, depression and systemic illnesses. Brain Behav Immun 31:105–114
69. Rieder R et al (2017) Microbes and mental health: a review. Brain Behav Immunity 66:9–17
70. Crijan F, Dinan T (2012) Mind-altering microorganisms: the impact of the gut microbiota on brain and behaviour. Nat Rev Neurosci 13:701–712
71. Schnorr S, Bachner H (2016) Integrative therapies in anxiety treatment with special emphasis on the gut microbiome. Yale J Biol Med 89:397–422
72. Tang Y, Holtzel B, Posner M (2015) The neuroscience of mindfulness meditation. Nat Rev Neurosci 16:213–225
73. Eisendrath S et al (2016) A randomized controlled trial of mindfulness-based cognitive therapy for treatment-resistant depression. Psychother Psychosom 85:99–110
74. Bowen S et al (2014) Relative efficacy of mindfulness-based relapse prevention, standard relapse prevention, and treatment as usual for substance use disorders. JAMA Psychiatry 71:547–556
75. Polussny M et al (2015) Mindfulness-based stress reduction for postraumatic stress disorder among veterans. JAMA 314:456–465
76. Davis M et al (2015) Mindfullness intervetions for chronic pain. J. Consult. Clin. Psychol. 83:24–35
77. Creswell J (2017) Mindfulness interventions. Annu Rev Psychol 68:491–516
78. Handschin C, Spiegelman B (2008) The role of exercise and PGC1a in inflammation and disease. Nature 454:463–469
79. Schnyder S, Handschin C (2015) Skeletal muscle as an endocrine organ: PGC1a, myokines and exercise. Bone 80:115–125
80. American Institue for Cancer Research (2007) Food, nutrition, physical activity and the prevention of cancer, Bd 25. American Institute for Cancer Research, 517
81. Wrann C et al (2013) Exercise induces hippocampal BDNF through PGC-1a/FNDC5 pathway. Cell Metab 18:649–659
82. Cohen D et al (2009) Cerebral blood flow effects of Yoga training. J Alt Compl Med 15:9–14
83. Bower J et al (2014) Yoga reduces inflammatory signaling in fatigued breast cancer survivors. Psychoneuroendocrinology 43:20–29

84. Kiecolt-Glaser J et al (2010) Stress inflammation and Yoga practice. Psychosom Med 72:113–121

85. Riley K, Park C (2015) How does Yoga reduce stress. Health Psychol Rev 9:379–396

86. Naveen G et al (2016) Serum cortisol and BDNF in patients with major depression. Effect of yoga. Int Review od Psychiatry 28:273–278

87. Alberts J et al (2011) It is not the bike, it is about pedaling: forced exercise and Parkinson disease. Exerc Sport Sci Rev 39:177–186

88. Chan C et al (2016) Exercise therapy for Parkinson's disease: Pedaling rate is related to changes in motor connectivity. Brain Connectivity 6:25–36

89. Zhou Z et al (2008) Genetic variation in human NPY expression affects stress response and emotion. Nature 452:997–1001

90. Binder E et al (2008) Association of FKBP5 polymorphisms and childhood abuse with risk of posttraumatic stress disorder symptoms in adults. JAMA J Am Med Assoc 299:1291–1305

91. Souri H, Hasanirad T (2011) Relationship between resilience, optimism and psychological well-being in students of medicine. Soc Behav Sci 30:1541–1544

92. Weaver I et al (2004) Epigenetic programming by maternal behavior. Natur Neurosci 7:847–854

93. Cameron N, Fish E, Meaney M (2008) Maternal influences on sexual behavior of the female rat. Horm Behav 54:178–184

94. McGowan P et al (2009) Epigenetic regulation of the glucocorticoid receptor in human brain associates with childhood abuse. Nat Neurosci 12:342–348

95. Geevasinga N et al (2016) Pathophysiological and diagnostic implications of cortical dysfunction in ALS. Nat Rev Neurol 12:651–661

96. Int. Agency for Research on Cancer Monograph Working Group (2015) Carcinogenocity of tetrachlorvinphos, parathion, malathion, diazinon, and glyphosate. Lancet Oncol 16:490–491

97. Chassaing B et al (2015) Dietary emulsifiers impact the mouse gur microbiota promoting colitis and metabolic syndrome. Nature 519:92–96

98. Fowler S (2016) Low-calorie sweetener use and energy balance: results from experimental studies in animals, and large-scale prospective studies in humans. Physiol Behav 164:517–523

99. Hooper L, Abdelhamid M, Davey Smith G (2015) Reduction in saturated fat intake for cardiovascular disease. Cochrane Database Syst Rev 6:1–168

100. Keys A (1953) Artherosclerosis: a problem in newer public health. J Mt Sinai hosp NY 20:118–139

101. Ledford H (2008) Monogamous vole in love-rat shock. Nature 451:617

102. Iwsa T et al (2017) Gonadotropin-Inhibitory Hormone plays roles in stress-induced reproductive dysfunction. Front Endocrinol 8:1–5

103. Lynch C et al (2014) Preconception stress increases the risk of infertility: results from a couple-based prospective cohort study. Hum Reprod 29:1067–1075

104. Domar A et al (2011) Impact of a group mind/body intervention on pregnency rates in IVF patients. Fertil Steril 95:2269–2273

105. Andhuman needs (1977) Dietary goals for the United States. Select commission on nutrition. US Govt Print Off

106. CBS (1977) Exchange between Dr Robert Olson and Senator George McGovern. CBS News, S 26, July

107. National Advisory Committee on Nutritional Education (1983) A discussion paper on proposals for nutritional guidelines for health education in Bitain

108. Harcombe Z et al (2015) Evidence from randomised controlled trial did not support the introduction of dietary fat guidelines in 1977 and 1983: a systematic revied and meta-analysis. Open Heart 2:1–7

109. DiNicolantonio J (2014) The cardiometabolic consequences of replacing satureted fats with carbohydrates or omega -6 polyunsatureted fats: do the dietary guidlines have it wrong? Open Heart 1:e000032

110. Chowdhury R et al (2014) Association of dietary, circulating, and supplement fatty acids with coronary risk: a systematic review and meta-analysis. Ann Intern Med 160:398–407

111. Korytowski W et al (2015) Impairment of macrophage cholesterol efflux by cholesterol hydroperoxide trafficking. Arterioscler Thromb Vasc Biol 35:2104–2113

112. Tawakol A et al (2017) Relation between resting amygdalar activity and cardiovascular events: a longitudinal and cohort study. The Lancet 389:834–845

113. Heslop C, Frohlich J, Hill J (2010) Myeloperoxidase and C-Reactive Protein have combined utility for long term prediction of cardiovascular mortality after coronary angiography. J Am Coll Cardiol 55:1102–1109

114. Radesh J et al (2010) C-reactive protein is a mediator of vascular disease. Eur Heart J 31:2087–2091

115. Borchers A, Gershwin M (2015) Fibromyalgia: a critical and comprehensive review. Clin Rev Allergy Immunol 49:100–151

116. Wemmie J, Taugher R, Kreple C (2013) Acid-sensing ion channels in pain and disease. Nat Neurosci 14:461–471

117. Albrecht P et al (2013) Excessive peptidergic sensory innervation of cutaneous arteriole=venule schunts. Implications for widespread deep tissue pain and fatigue. Pain Med 14:895–915

118. Afari N et al (2014) Psychological trauma and functional somatic syndromes: a systematic review ans meta-analysis. Psychosoom Med 76:2–11

119. Burke N et al (2017) Psychological stres in early life as a predisposing factor for the development of chronic pain. J Neurosci Res 95:1257–1270

120. Trixler F (2013) Quantum Tunneling to the origin and Evolution of Life. Curr Org Chem 17:1758–1770

121. de Vries A et al (1995) Increased suseptibility to ultraviolet-B and carcinogens of mice lacking the DNA excision repair gene XPA. Nature 377:169–173

122. Hara M et al (2011) A stress response pathway regulates DNA damage through adrenoreceptors and arrestin-1. Nature 477:349–353

123. Nepomnaschy P et al (2006) Cortisol levels and very early pregnancy loss in humans. Proc Natl Acad Sci USA 103:3938–3942

124. Lu T et al (2004) Gene regulation and DNA damage in the ageing human brain. Nature 429:883–891

125. Aggarwal BB (2004) Nuclear factor-kappaB: the enemy within. Cancer Cell 6:203–208

126. Nouwen A, Lloyd C, Pouwer F (2009) Depression and type 2 diabetes over the lifespan; a meta-analysis. Diabetes Care 31:e56–e57

127. Zarouna S, Wozniak G, Papachristou A (2015) Mood disorders: a potential link between ghrelin and leptin on human body. World J Exp Med 5:103–109

128. Baily M et al (2011) Exposure to a social stressor alters the structure of the intestinal microbiota. Implications for stressor-induced immunomodulation. Brain Behav Immun 25:397–407

129. McIntyre R et al (2007) Should depressive syndromes be reclassified as Metabolic syndrome Type 2. Ann Clin Psychiatry 19:257–266

130. Almeida O et al (2010) B-Vitamins reduce the long term risk of depression. Ann Neurol 68:503–510

131. Martins J, Bentsen H, Puri B (2012) Eicosapentaenoic acid appears to be the key omega-3 fatty acid component associated with efficacy in major depressive disorder. Mol Psychiatry 17:1144–1149

132. Sanhueza C, Ryan L, Foxcroft D (2011) Diet and risk of unipolar derpression in adults: systematic review of cohort studies. J Hum Nutr Diet 26:56–70

133. Konradia C, Heckers S (2003) Molecular aspects of glutamate dysregulation: implications for schizophrenia and its treatment. Pharmacol Ther 92:153–179

134. Bakusic J et al (2017) Stress, burnout and depression: a systematic review on DNA. J Psychosom Res 92:34–44

135. Dantzer R et al (2008) From inflammation to sickness and depression: when the immune system subjugates the brain. Nat Revi Neurosci 9:46–57

136. Wohleb E et al (2016) Integrating neuroimmune systems in the neurobiology of depression. Nat Rev Neurosci 17:497–511

137. Lang U, Borgwardt S (2013) Molecular mechanisms of depression: perspectives on new treatment strategies. Cell Physiol Biochem 31:761–777

138. Markolskee R et al (2007) T1R3 and gustducin in gut sense sugars to regulate expression of Na-glucose cotransporter 1. PNAS 104:15075–15080

139. Kahn S, Hull R, Utzschneider K (2006) Mechanisms linking obesity to insulin resistance and type 2 diabetes. Nature 444:840–846

140. Kelly S, Ismil M (2015) Review of how stress contributes to the development of Type 2 Diabetes. Ann Rev Public Health 36:441–462

141. Samuel V, Shulman G (2012) Mechanisms for insulin resistance: common threads and missing links. Cell 148:852–871

142. Fruhbeck G et al (2014) Regulation of adipocyte lipolysis. Nutr Res Rev 27:63–93

143. Nieto-Vazquez I et al (2008) Insuline resistance associated to obesity: the link TNF-alpha. Arch Physiol Biochem 114:183–194

144. Mootha VK et al (2003) PGC-1α-responsive genes involved in oxidative phosphorylation are coordinately downregulated in human diabetes. Nat Genet 34:267–273

145. Venables M, Jeukendrup A (2009) Physical inactivity and obesity: links with insulin resistance and type 2 diabetes mellitus. Diabetes Metab Rec Rev 25:S18–S23

146. Zanuso S, Balducci S, Jimenes A (2009) Physical activity, a key factor to quality of life in type 2 diabetic patients. Diabetes Metab Res Rev 25:S24–S28

147. Aronsson G, Theorell T, Grape T et al (2017) A systematic review including meta-analysis of work environment and burnout symptoms. BMC Public Health 17:264–277

148. Nakatomi Y, Mizuno K, Ishii A et al (2014) Neuroinflammation in patients with chronic fatigue syndrome/myalgic encephalomyelitis: an ^{11}C-(R)-PK11195 PET study. J Nucl Med 55:945–950

149. Tei S, Becker C, Kawada R et al (2014) Can we predict burnout severity from empathy-related brain activity? Transl Psychiatry 4:1–7

150. Golkar A, Johansson E, Kasahara M et al (2019) The influence of work-related chronic stress on the regulation of emotion and on functional connectivity in the brain. PLOS ONE 9:e104550

151. Cadegiani F, Kater C (2016) Adrenal fatigue does not exist: a systematic review. BMC Endocr Disord 16:48–63

152. Blankert JP (2015) Biology of burnout per biologic system (nervous, immune, endocrine) and derived set of biomarkers for somatic measurement of chronic stress and burnout. Researchgate. https://doi.org/10.13140/2.1.4172.8320

153. Bakusic J, Schaufeli W, Claes S, Godderis L (2017) Stress, burnout and depression: a systematic review on DNA methylation mechanisms. J Psychosomatic Res 92:34–44

154. Waterland R, Jirtle R (2003) Transposable elements: targets for early nutritional effects on epigenetic gene regulation. Mol Cell Biol 23(15):5293–5300

155. Marsland A, Walsh C, Lockwood K, John-Henderson N (2017) The effects of acute psychological stress on circulating and stimulated inflammatory markers: a systematic review and meta-analysis. Brain Behav Immun 64:208–219

156. Verlinde E (2016) Emergent gravity and the dark universe. arVix, S 1611.02269v1

157. Jonas W et al (2015) To what extent are surgery and invasive procedures effective beyond a placebo response? A systematic review with meta-analysis of randomised, sham controlled trials. BMJ Open 5:e009655

158. Benedetti F et al (2005) Neurobiological mechanisms of the placebo effect. J Neurosci 25:10390–103402

159. Kaptchuk J et al (2008) Components of placebo effect: randomised controlled trial in patients with irritable bowel syndrome. BMJ 336:999–1003

160. Waber R et al (2008) Commercial features of placebo and therapeutic efficacy. JAMA 299:1016–1017

161. Moseley B et al (2002) A controlled trial of arthroscopic surgery for osteoarthritis of the knee. N Engl J Med 347:81–88

162. Hall K, Loscalzo J, Katchuk T (2015) Genetics and the placebo effect: the placebome. Trends Mol Med 21:285–294

GPSR Compliance
The European Union's (EU) General Product Safety Regulation (GPSR) is a set
of rules that requires consumer products to be safe and our obligations to
ensure this.

If you have any concerns about our products, you can contact us on

ProductSafety@springernature.com

In case Publisher is established outside the EU, the EU authorized
representative is:

Springer Nature Customer Service Center GmbH
Europaplatz 3
69115 Heidelberg, Germany